1~3歲幼兒手指食物

暢銷修訂版

1~3歲 発達を促す子どもごはん

營養師 中村美穗 ◎著
洪伶欣 ◎譯

新手父母

【目錄】

海苔飯糰

地瓜洋蔥味噌湯

紅蘿蔔拌高麗菜

【目錄】

番茄燉大紅豆蔬菜

小松菜優格司康

米香腸

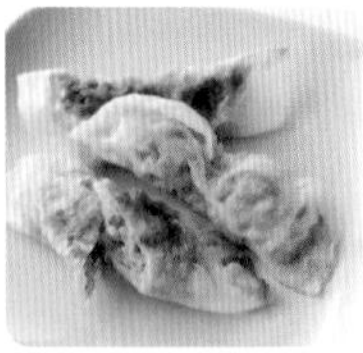

蝴蝶結煎餃

油豆腐櫻花蝦炒烏龍麵

番茄醬燴炸竹莢魚

PART 2

找到原因，幫助心理與生理的發展！
解決孩子飲食煩惱的食譜

乳酪魩仔魚大阪燒

馬鈴薯乳酪燒

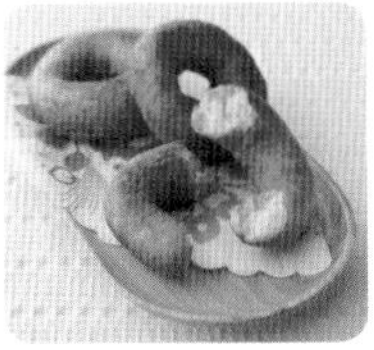

南瓜甜甜圈

味噌美奶滋烤鮭魚

蓮藕紅蘿蔔咖哩金平煮

便當食譜

PART 3

煩惱時，翻到這一頁 傷腦筋時可以派上用場的小秘訣

蔬菜味噌烤飯糰

水果優格冰磚

南瓜鬆餅

推薦序 1

依幼兒成長發育所設計的專屬食譜書

文／孫珮淳　專業營養師

回想七年前初為人母的心情，總是一直思考著如何給孩子更均衡的營養。那時為了集思廣益常跑書店，然而當時市面上針對嬰幼兒飲食的書籍並不多，我只好從料理書、親子雜誌的資訊中摸索，再運用自身的營養專業知識加以實驗後修正，新手父母一路走來相當辛苦。試想當時若有這樣的一本工具書，想必省事省力多了！

中村女士以簡單調味、方便製備的料理去突顯真食物本身的味道，豐富幼兒的味覺，增強食材的感受性，進而享受食的樂趣；從幼兒的高度切入，讓父母了解孩子的需求及不同階段的生理、心理、動作及語言發展，明白如何輔助幼兒培養正確的飲食習慣，建立孩子身心發展的良好基礎！

透過簡單的原則讓新手父母可自行規劃營養均衡的菜單，提供新手父母實質上的幫助；食譜的小重點、書中小技巧、專欄等等更展現了作者對幼兒的用心，同為母親的我不得不再三佩服中村女士貼心且細膩的心思。

每日的飲食是輔助孩子生長發育的重要時間，同時也是親子建立和諧關係的關鍵時刻。建立正確適宜的飲食價值觀，除了能幫孩子培養強健身心，贏在起跑點之外，更能為未來的馬拉松人生灌注源源不絕的生命動力，這絕對是一本新手父母必備的育兒食譜工具書。

推薦序 2

觀念、方法對了，孩子自然就能學會！

文／**小肥妮吱吱叫** 知名部落客

小貝貝是偏瘦的小孩，想盡辦法製作她願意吃的副食品是我最艱鉅的任務……因為喜好隨時在變，所以要常常上網找食譜或是購買食譜。不過，不是每本食譜都好用，編排的巧妙各有不同，也不是每個網誌的食譜都好吃！

《1～3歲幼兒手指食物》是我見過最完善的幼兒工具書，真是相見恨晚啊！它不只是食譜而已，更幫助初為人母的我們建立正確的知識跟觀念：

・**它邏輯一百分**：從介紹幼兒的生理、心理發育，每日所需熱量都寫得很清楚！進而教導如何建立小朋友的飲食習慣。

・**它非常有同理心**：小孩吃不吃飯跟生理、心理、環境、家長態度息息相關，不只要了解小孩也要尊重小孩的決定……

・**它因材施教**：小貝貝到將近9個月才長牙，比一般小孩慢很多，一開始愛用手進食多於刀叉，這本書還分不同的牙齒數量跟取食方式來分類食譜；順應孩子的成長是必要的，這也算是一種因材施教吧！

・**它圖解很生動、食物很漂亮**：一天三餐菜色怎麼配都寫得很清楚！照著食譜來應該會養出小小美食家！

我自認為是很科學的媽媽，不管任小孩做什麼一定事出必有因，這本書完完全全可以滿足愛問「為什麼？」的家長。育兒知識的學習是一條漫長的路！謝謝這本書的到來解決我現在跟未來的煩惱……所有的事情都是觀念對了，接下來的路途就順了。

自序 1

不要心急，以吃得「開心、美味、舒服」為目標前進吧！

中村美穗 料理研究家、營養管理師

為了讓孩子可以自己一個人好好吃飯，1～3歲是培養孩子飲食生活的重要練習階段。1～3歲之前為「離乳食品期」，當孩子能夠用舌頭或牙齦壓碎有形狀的食物後再吃下，並且能夠透過吃飯攝取成長所需的大部分營養素的話，離乳食品期便可宣告結束。離乳食品期結束後到進入小學之前，在這段期間我們稱之為「幼兒食品期」。幼兒食品期主要分為1～3歲以及3～5歲這兩個階段，本書內容著眼在介紹1～3歲這段時期的飲食。

這段期間的孩子，在飲食方面除了有個人差異之外，吃飯的方式每天都有所變化。我認為，在料理上多下點功夫，陪在孩子身邊協助孩子成長、發育，孩子就能自信地成長茁壯。

大人不費功夫就能完成的事情，對小孩而言都是一種挑戰。希望大家能一起坐在餐桌前用餐，吃得「開心、美味、舒服」，所以請家長們仔細觀察孩子吃東西時的狀況，不要心急，以積極的態度朝著這個方向前進吧！

孩子每天的飲食，都是在輔助他們的身心發展。孩子一眨眼就長大，所以要好好把握這段時間，為孩子打造穩固的「生命力基礎」！

自序2

思考孩子「為什麼會這樣做？」是和孩子相處的第一步

中村明子 杏林大學保健學系護理科親子看護學助教

1～3歲孩子的成長發育是很驚人的。開始學會自己走路，活動範圍擴大，慢慢地開始會說一些單字等，孩子的世界日漸開闊。隨著孩子成長，開始出現很多站在大人的角度來看無法理解的行為舉止，讓人不禁覺得：「他到底在做什麼？真是想不透……」

例如，吃飯時，把食物當玩具，或是吃到一半時到處亂跑……。對於孩子的這些行為舉止，您是不是有時候會覺得焦躁？

但是，在生氣之前，我們是不是應該先想想：「為什麼孩子會這麼做？」去思考他們行為舉止背後所蘊藏的涵義？

藉著思考其背後所蘊藏的意義，或許家長在面對孩子的行為舉止時，就能微笑面對。希望本書所介紹的內容可以成為各位家長教育孩子時的助力。

前言

如何使用本書

● 本書所介紹的食譜，基本上是針對已進入「**離乳食品後期**」至「**幼兒食品初期**」的孩子所設計。除了部分食譜有特別註明食材分量之外，**沒有標記的部分基本上都是1個孩子的分量**。孩子容易入口的食物大小、軟硬度或分量等會因人而異，所以請觀察孩子吃東西的狀況斟酌調整。

● 計量方式：1杯＝200ml，1**大匙＝15ml，1小匙＝5ml**

● **本書的馬鈴薯、洋蔥等根莖類**，基本上**都是中型；雞蛋為中等大小**。

● 食譜作法說明裡，省略部分洗菜、削皮等事前準備作業。

● 食譜裡所提到的高湯等水量，會因使用的鍋具或火力不同，在烹煮過程中產生水分不足的情形。這時候請酌量加點水，不要讓料理燒焦。蓋上鍋蓋燜煮可以減少水分蒸發以及加速食物熟透。

● 微波爐以600W為基準。如果是其他瓦數的話，請視實際狀況調整。請使用可以微波的器具，並小心加熱後突然的噴濺或沸騰等。

● 料理時，請務必洗手、注意肉類是否有確實煮熟等食品衛生方面的問題。料理完成後請儘早食用完畢。

● 本書所介紹的料理，當天食用完畢是最理想的。如果做好的分量超過一餐以上，並想保存之後再吃的話，保存期限為**冷藏庫1～2天，冷凍庫1～2週**，請儘早食用完畢。

● 食譜中所使用的**高湯**，如果沒有特別註明的話，皆是指一般的**柴魚和昆布高湯**。

了解孩子的生長發育 ①

生理的發展

牙齒的生長方式		身高・體重・所需熱量		
	啃咬期	身高	男生：約75～85 cm 女生：約73～84 cm	1歲左右
		體重	男生：約9～11 kg 女生：約8～10 kg	
		每日必須攝取熱量	男生：約1000大卡 女生：約900大卡	
	咬碎期	身高	男生：約87～91 cm 女生：約85～90 cm	2歲左右
		體重	男生：約12～14 kg 女生：約11～12 kg	
		每日必須攝取熱量	男生：約1000大卡 女生：約900大卡	
	嚼碎期	身高	男生：約95～99 cm 女生：約94～98 cm	3歲左右
		體重	男生：約14～15 kg 女生：約13～14 kg	
		每日必須攝取熱量	男生：約1300大卡 女生：約1250大卡	

隨著生理成長，咀嚼和吃東西的方式也不同

雖然不能與0歲寶寶相提並論，不過1～3歲這個階段，對孩子而言也是成長發育的重要時期。小孩3歲之後的身高，約是新生兒的2倍，2歲半時的體重大約是新生兒的4倍。隨著身體的成長，牙齒也會慢慢長齊，不過在這個時期，孩子依然是用牙齦先碾碎食物再吃。開始長臼齒之後，就可以慢慢讓孩子練習咀嚼。不過每個孩子的成長狀況都不一樣，牙齒長得比較慢的孩子，家長在料理上就要多下點功夫，例如，把食材切小一點，或是把食物煮到孩子不需要特別用力，牙齦就能咬得動的柔軟狀態。

另外，身體或是活動量較大的孩子因為需要更多熱量，所以要配合孩子的食慾增加分量。相反的，如果孩子身體或活動量較小的話，也可以把每餐的分減半，適度調整。

食材大小・軟硬度		咀嚼能力
 帶有厚度的扇形或塊狀等，孩子可以用手拿的大小。	相當於肉丸子的軟硬度。 	• 上下8顆門牙長齊，接著長出第一乳臼齒。 • 用牙齦碾碎食物吃。 • 以門牙啃咬食物來感受食物的大小、形狀和軟硬程度。 • 學會「一口」的分量是多少。
 隨意切塊，大小要能放在湯匙上。	相當於蘋果薄片或薄肉片煮熟後的軟硬度。 	• 長出2對臼齒，雖然咀嚼力提升，不過還是不能吃太硬的東西。 • 2歲的時候幾乎所有的乳齒都會長齊。 • 學習用口腔內頰部和舌頭來支撐較硬的食物，並且用牙齒和下巴來咀嚼。
 切成和大人吃的差不多大小的長條狀等，可以用筷子挾起來的大小。	相當於萵苣等生菜，以及小魚乾的軟硬度。 	• 雖然20顆乳齒都長齊了，不過牙齒的數量少於成人，面積也比較小。 • 吃東西的方式接近大人，口中處理食物的動作變得更靈活，不過咀嚼能力還是不如大人。

※註：1日所需的熱量標示是以1～2歲孩童以及3～5歲孩童為區別。

了解孩子的生長發育 ②
心理的發展

心理的成長

和父母產生連結互動的重要時期

1歲左右

自我意識變得強烈，開始會說：「我不要！我不要！」

2歲左右

開始社會化，進入「以自我為中心」的世界

3歲左右

孩子的自我意識萌芽，開始社會化

就像身體會不斷成長一樣，孩子的心理也會日漸成熟。一開始孩子會慢慢踏出只有父母和自己的世界，在這個階段，孩子會開始養成**自立性或主體性，並且開始社會化。**隨著自我意識的萌芽，孩子會開始主張：「我不要！我不要！」常常讓大人感到傷腦筋。這時候**請家長先試著理解孩子的想法。**凡事都想自己動手做，但卻無法按照自己的意思完成時，小孩常常會鬧脾氣，這時候，請家長要從旁協助，讓他們體驗各種事物並且克服困難！當孩子做得很棒的時候要讚美他們，讓他們體驗克服失敗後的喜悅是很重要的。

父母與孩子的互動・對話		心理的成長
● 給予孩子充分的安心感或安全感，好好建立親子關係。 ● 接納孩子的主張。如果無法同意孩子的主張時，請先理解孩子的心情，然後再告訴孩子無法同意的理由。	←	● 因為自我意識覺醒，所以自我主張變得強烈，凡事都想要自己做做看。 ● 雖然想要表達自己的想法，可是因為還不太會說話，所以容易產生哭鬧情緒。 ● 會怕生或愛當跟屁蟲。
● 接納孩子的主張。不要為了父母方便而強迫孩子配合。 ● 孩子做得好時要給予讚美，讓孩子有自信。 ● 不要強迫孩子當個「好孩子」。無法接納孩子的主張時，請先理解孩子的感受，然後再說明無法同意的理由。	←	● 哭著耍任性等，開始出現反抗父母的態度。 ● 什麼都想要自己做，並且出現反抗姿態，會主張「我不要！」。 ● 可以自己一個人玩得很開心，開始會依著自己腦中浮現的想像畫面開始玩耍。
● 孩子並不是任性。以發展階段來說，孩子還無法站在對方的立場思考，請理解這一點並尊重孩子。 ● 不要否定孩子說的話或想法，盡量傾聽。	←	● 開始社會化，開始享受和大家一起玩耍的樂趣。 ● 以自己的立場來看事情，想法開始會變得「以自我為中心」。 ● 有時候會將想像和現實混淆。 ● 開始想回應父母的期待。

了解孩子的生長發育 ③

動作・語言的發展

身體的活動

1歲左右

吃飯行為

從1歲左右開始，孩子會開始想要自己拿杯子喝東西，想要自己用手或湯匙吃東西，1歲半左右後，就能自己做這些事情。

- 1歲左右會自己站著，1歲3個月左右～1歲半左右開始學會走路。
- 如果從旁協助的話，可以上下樓梯。

2歲左右

吃飯行為

2歲左右後，孩子開始會一手拿著碗，一手拿著湯匙吃東西等，逐漸能夠靈活地使用湯匙。

- 開始會跑步，走路也變得比較穩定。
- 上下樓梯時，要兩隻腳踏上同一階後，才能往下一階走。2歲半左右時，可以兩腳合併蹦蹦跳跳。
- 2歲左右開始會模仿大人，學會漱口或洗手、想要自己脫衣服。

3歲左右

吃飯行為

用餐時會說，「我要開動了」等等。到3歲半左右，不用他人協助，大致上可以自己一個人吃飯。

- 上樓梯時能夠兩隻腳交互一腳踩一階，騎三輪車時，開始會踩腳踏板。
- 可以用單腳站立片刻。
- 開始想自己穿衣服，可是會有前後穿反等情形。

運動機能發達，開始學會日常生活的小動作

幼兒期孩子的動作發展得非常迅速，表現在孩子全身的律動或是指尖的小動作上。隨著活動變得靈活，**孩子開始能夠獨力完成吃飯、睡覺、上廁所、換衣服等基本生活起居**。

儘管如此，依然有很多事情是這個階段的孩子無法獨力完成的。孩子必須從失敗中不斷學習，所以失敗的時候，家長也不要生氣；成功的時候，則要讚美孩子，說些鼓勵孩子的話讓孩子有繼續嘗試的動力。

另外，**這段時期，孩子的語言發展也非常迅速**。開始會說些有意義的詞彙，問他東西會用手指出來，也開始會說由兩個單字所構成的短句。到3歲左右，幾乎能夠日常對話。

言語

- 能夠說有意義的單字。
- 能夠指著東西然後說出東西的名稱。

- 開始會說由兩個單字所構成的短句。
- 2歲半～3歲左右，會開始表現「不要」及「為什麼」等感受。

- 知道使用「我」這類的代名詞以及自己的名字。
- 開始會用表現時間的單詞，如「昨天」、「今天」等。

手指的活動

- 能把2～4個箱子疊起來。

- 能把6～7個箱子疊起來。

- 能夠把8個箱子疊起來。
- 會使用剪刀或筷子。

營養觀念

每日的飲食是輔助孩子生長發育的重要時間

充滿關愛的飲食能夠培養孩子的身心發展

對小孩而言，每天的飲食並不只是為了填飽肚子而已。藉著均衡攝取身體所需的營養，能夠**幫助孩子的身體成長與發育**；和周遭的人一邊開心對話一邊吃飯則能夠促進孩子的**心靈發展**；用手或餐具吃各種不同軟硬度或顏色的食物則能**增進手指的靈活度，同時還能夠帶動腦部發展**。

總而言之，**每天的飲食與孩子的成長與發育有密切的關連，用餐時間可以說是非常重要的時刻。**

本書由「生理」、「心理」、「動作」等方面來介紹健康育兒食譜。如果餵孩子吃飯總是很麻煩，或是做菜總是很費工夫的話，就不容易在日常生活中實踐，但其實，**簡單且能反覆製作的料理，反而適合注意力不容易集中的孩子**。而且，簡單的調味，還能讓孩子記住食材本身的味道。所以各位家長不妨從簡單的料理開始嘗試，輕鬆地加入每天的飲食之中吧！

引發孩子「想吃的意願」很重要

特別是1～3歲左右的孩子，因為喜好分明，開始有自己的堅持，有很多事情想要自己動手做，但是卻又無法順利完成，因而陷入苦戰之中，類似這樣的飲食問題會開始逐漸增加，這是孩子成長發育的一個過程，此時期，**孩子會從反覆的修正錯誤來建立味覺基礎，並且學會吃飯的方法**。

想要透過飲食來促進孩子各種能力的發展，第一個大前提就是「孩子願意吃東西」。因此，要如何讓孩子產生「我想吃！」的慾望非常重要。

「吃什麼食物」、「和誰吃」、「在哪裡吃」、「怎麼吃」等，有許多因素會影響孩子的情緒變化，因此當孩子沒有想吃東西的意願時，**請由下頁的6大飲食要點重新檢視孩子每天的飲食狀況**。

配合孩子的步調，讓孩子從做得到的事情開始一點一滴累積，如此一來，做家長的應該能夠逐漸看見孩子的改變。在孩提時期懂得「自己吃飯的樂趣」，或者擁有和家人朋友在餐桌上「愉快的用餐回憶」，都將成為支持孩子未來的力量。

「讓孩子想吃！」的6大飲食要點

POINT 1

在愉快的氣氛中和大家一起吃

比起讓孩子一個人吃飯，如果家人也能一起坐在餐桌前，一邊和孩子說話一邊用餐，會讓孩子產生「模仿看看」的想法。

POINT 2

不要過度照料孩子，要尊重孩子的自主性

不要急躁，從旁默默守護孩子這一點很重要。不要破壞孩子想自己動手做的心情。例如，孩子自己吃飯的時候，大人不要直接抓住小孩的手，而是應該幫孩子扶著碗盤之類，若無其事地從旁協助。

POINT 3

調整規律的生活作息

早睡早起，讓孩子在白天多活動身體，不要三不五時就提供孩子點心或飲料，讓孩子覺得肚子餓是很重要的，這樣才會產生想吃的慾望。

POINT 4

在料理上下功夫讓孩子能自己吃飯

配合孩子各個階段的發展，調整食材的大小或軟硬度。如果孩子能夠自己吃得開心，就能夠獲得成就感，進而對吃東西產生自信。

POINT 5

視覺上的愉悅

首先讓孩子仔細看看食物，讓孩子知道自己吃的是什麼很重要。可以花點巧思，用漂亮的顏色或可愛的形狀等視覺效果來吸引孩子！

POINT 6

一起幫忙做菜

讓孩子透過五感實際體驗各種食材如何變成餐桌上的料理，例如，顏色、形狀，以及烹調過程中的聲音或是氣味等，藉此來激發孩子的食慾。

飲食是培養孩子身心發展的基礎

動作的發展

用手拿東西吃或是使用湯匙等器具，能夠增進孩子手指的靈活度。而且，還能培養孩子將適量的食物放入口中並仔細咀嚼的能力。

心理的發展

聞聞味道，或是用手摸摸看，透過五感（視覺、觸覺、聽覺、聞覺、味覺）享受飲食的樂趣，能促進孩子心靈的發展。透過與他人對話，會讓孩子感到安心、開心，並增加自信

生理的發展

孩子的身體，為了持續成長，因此相較於體重，反而必須攝取比大人更多的營養素。透過飲食均衡地攝取營養素，幫助身體的成長與發育並維持生命力。

專欄

首先，好好調整一天的生活作息

專欄

調整孩子一天作息的方式

飲食與生活作息有著密切的關連。孩子的飲食困擾多半是來自於不正常的生活作息。即使孩子沒有食慾，有時候藉著養成正確的生活作息，自然就會感到肚子餓、想要吃東西。日夜顛倒的生活是造成孩子壓力或身體不適的原因之一，所以藉此機會，重新檢視每天的生活作息吧！

POINT 1

養成早睡早起的生活作息

一天的飲食節奏是由早餐開始ON。可是太晚睡覺的話，早上就不會覺得肚子餓，早餐也會吃不下。因此請家長多多留意，最晚讓孩子在晚上9～10點間就寢，早上7～8點間起床。

POINT 2

增加活動量，讓孩子感覺餓

小孩和大人一樣，如果肚子不餓就不會想吃東西。所以白天就多讓孩子在戶外玩耍、散步，增加他們的運動量，花點心思讓他們的肚子感覺到餓吧！

POINT 3

固定正餐和點心時間

正餐➡點心➡正餐的間隔大約是3小時以上，讓孩子每天儘量在固定的時間裡吃東西吧！不要三不五時就給孩子點心、牛奶或果汁等。

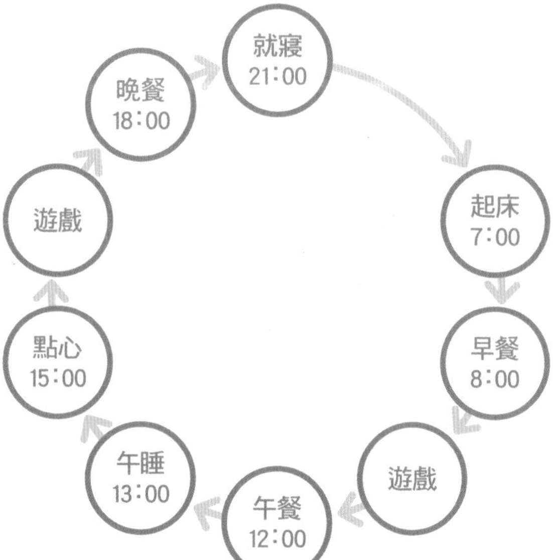

PART 1

增進手指靈活度，
越吃越順手

依孩子進食方法
來分類的食譜

本章依照不同的進食方式，例如，用手拿著吃、用湯匙吃或是用叉子、用筷子吃等，來介紹各種食譜。一些平常比較沒有機會聽到的說法，例如，讓孩子自己動手做與孩子成長發育的關聯性，「用手拿東西吃孩子所能學習到的事情」以及練習的方法等，在本章節裡都會一一說明。

【PART1介紹的食譜】基本上都是1歲以上的小孩才能吃的東西。對於1歲的孩子不容易入口的食材，在作法上會特別註記切法等處理上的小技巧。因為食量受到年齡或個人差異影響各有不同，請參考P94的表格自行調整。

學起來吧！

動手吃，可以促進發育，也能刺激腦部發展

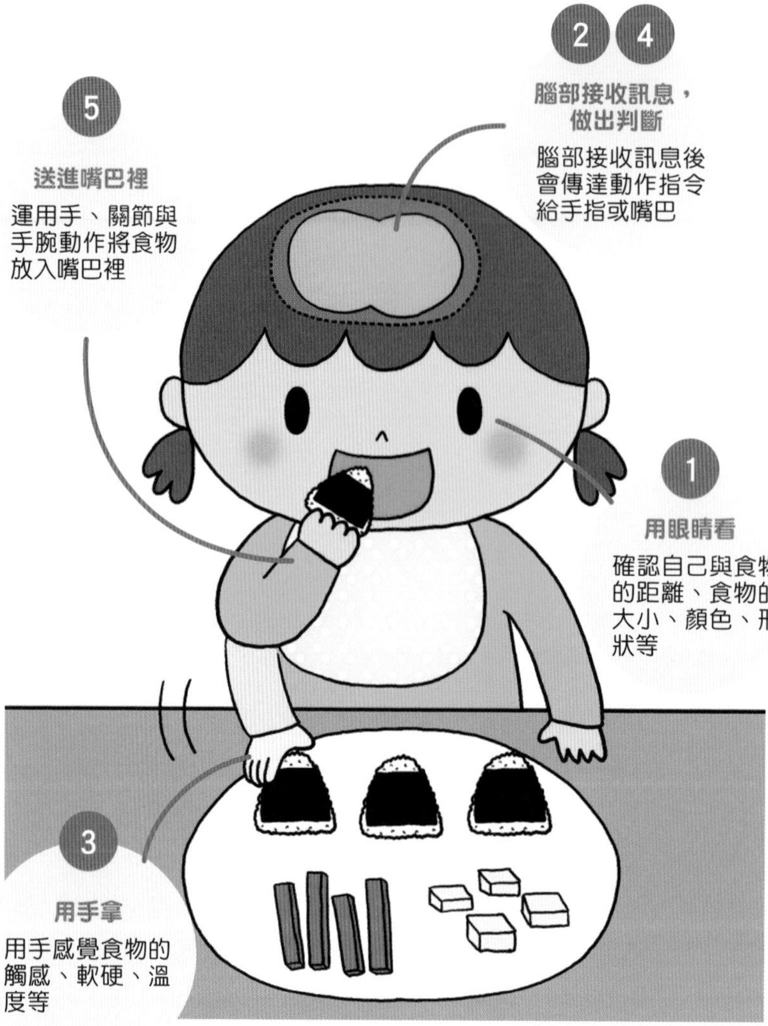

1
用眼睛看
確認自己與食物的距離、食物的大小、顏色、形狀等
2 4
腦部接收訊息，做出判斷
腦部接收訊息後會傳達動作指令給手指或嘴巴
3
用手拿
用手感覺食物的觸感、軟硬、溫度等
5
送進嘴巴裡
運用手、關節與手腕動作將食物放入嘴巴裡

「用手拿東西吃」是必須使用眼、口、手的高難度動作

從大人的角度來說，「用手拿著吃」看起來是個非常簡單的動作，不過事實上，這個動作比想像中的還要複雜。「這個大小，好像用手抓得起來」像這樣用眼睛目測食物的所在位置或大小↓經由大腦判斷↓有點燙、這個很軟，應該很容易扁掉吧！用手拿著，感覺食物的溫度或軟硬度等↓經由大腦判斷↓調整適當的力道，用手抓起食物放入嘴巴裡，是一連串**眼、手、口的協調運作**。

此外，用手拿東西吃，還能同時讓孩子學習到一口的分量，或是如何用門牙把食物咬斷。雖然剛開始孩子沒辦法做得很好，不過經過反覆練習後，就會變得比較順手，因此**讓孩子充分體驗非常重要**。而且，手指的活動與腦部發展有密切關係，**所以讓孩子用手去感覺各種食物的觸感，以及重複用手拿東西吃的這個動作，都能夠刺激活化孩子的大腦發展**。

不要強迫孩子，應想辦法激發孩子的意願

或許有人會認為：「為了讓孩子活動雙手促進發育，所以一開始就讓孩子使用湯匙或筷子來吃飯不是比較好嗎？」但是，用手拿東西吃的經驗，是孩子日後能夠熟練使用湯匙、叉子或筷子等餐具的基礎。因此，與其心急地讓孩子使用餐具吃東西，更重要的應該是要讓孩子充分體驗用手拿東西吃的過程。

無論是用手拿東西吃，或是用湯匙等餐具吃飯，一開始孩子的動作都不會很熟練，所以要由大人示範給孩子看，陪孩子一起反覆練習是很重要的。但是如果太過執著於讓孩子「獲得技巧」，反而會降低孩子的練習意願。所以**千萬不要忘記「開開心心吃飯」這件事很重要**，注意不要讓吃飯變成是一種「訓練」。

孩子「自己動手吃東西」的意願，並不僅止於飲食上的自立，對於將來自力更生的能力也有關。尤其1～3歲是孩子什麼都想自己動手做的高峰期，因此，不只是吃東西，日常生活裡的基本事務，也可以鼓勵孩子自己動手做。

促進孩子發育的小秘訣

請大人做正確的示範給孩子看

例如，教孩子練習拿筷子的時候，示範給孩子看的家長本身筷子的拿法也是錯誤的例子並不少。因此示範給孩子看的同時，也是家長重新檢視自我的好時機。和孩子一起體驗動動手的樂趣以及重要性吧！

摸摸各種不同觸感的東西

舉例來說，讓1歲左右的孩子拿豆腐，他們會因為手太過用力而把豆腐捏碎，可是隨著年紀增長，孩子會懂得如何控制力道拿好豆腐。藉著接觸不同重量、質感、素材的東西，孩子能夠學習不同的處理方式，以及培養操控能力。

在生活中加入手的遊戲或動作

除了用蠟筆畫畫，動動手玩遊戲之外，積極地在日常生活中加入解釦子、穿衣服、脫鞋子等需要運用手部的動作吧！很多時候孩子雖然有心想做，但卻做不好，這時候請家裡的大人若無其事地從旁協助吧！

不要限制孩子，讓孩子自己動手做

不只是吃東西，任何事情都一樣，過於限制孩子的行動，「這個不行」、「那個不行」，可能會剝奪孩子體驗的機會。除了可能會讓孩子受傷的事情之外，盡可能地讓孩子去體驗各種事物。當孩子表現不錯時，不要忘記讚美他們。

順應孩子的成長提供適當的協助

一起了解孩子各階段吃東西的方式吧！

9個月左右～

1歲

2歲

需要人餵

進入離乳食品的後半期，孩子開始學習自己吃東西。剛開始孩子還無法自己好好吃飯，請家裡的大人在孩子練習的時候從旁協助吧！

用手拿著吃

用整個手掌握著食物

一開始只會緊緊握住食物，把食物捏碎。之後，會用手握著食物橫著放入口中，或是用手掌把食物塞進嘴巴裡。

用手指抓著食物

能熟練地用3隻手指頭抓著食物，從正面放入嘴巴裡，用門牙咬住食物，把食物撕咬成一口的分量。

吃飯前後會說「我要開動了」或「我吃飽了」。

用雙手拿穩杯子或碗來喝東西。

湯匙&叉子

從上面握住

從上面握住湯匙，使用手肘或手腕來動作。一開始請大人稍微抓著孩子的手教他如何用湯匙把食物送到嘴邊。

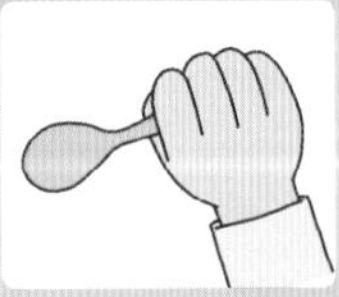

時期

吃飯方式基準

進入離乳食品的後半期，孩子會萌生「想自己吃東西」的念頭並開始用手拿東西吃。透過下列一覽表可以了解各階段孩子吃東西的方式，從用手拿進階到使用湯匙、叉子、筷子。無論在哪個階段，孩子吃東西的方式都是重疊平行發展，例如，「會用手拿東西吃，也會用湯匙吃」等。

5歲　4歲　3歲

自己吃

從離乳食品的後半期，到進入幼兒食品的這段期間是小孩「用手拿東西吃」的階段。用整個手掌握著食物→用手指抓著食物，一口一口吃，在這個過程中同時開始使用湯匙吃東西。

吃東西時會用手扶著（壓）碗盤。

從孩子1歲半左右開始，用手拿東西吃的同時也開始會用湯匙吃東西。用湯匙將一口分量的食物放進口中，一開始因為還不熟練，所以他們會用嘴吸或硬塞到嘴裡。雖然叉子的拿法和湯匙一樣，但是要等到孩子能夠熟練使用湯匙這種裝盛面積較大的餐具後，再開始練習使用叉子吃麵等。

2歲後半～　變成以食指、大拇指、中指輕握的方式

會逐漸把食指和大拇指朝向湯匙的前端。

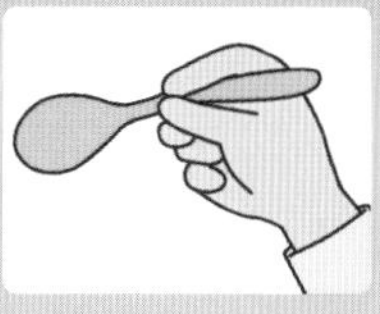

2歲半左右　像拿鉛筆一樣的握法

用手抓著湯匙。

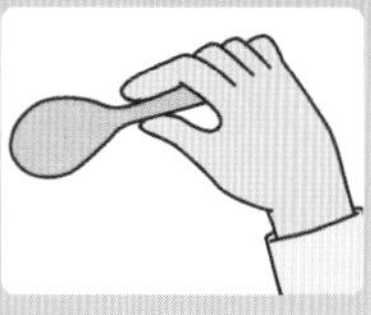

開始養成用餐禮儀（用手扶著，拿著碗，吃飯的姿勢等）。

筷子

一開始……

不知道如何控制筷子，有時候會用筷子撈食物或扒入口中。

挾

開始知道如何固定下方的筷子，活動上方的筷子來挾食物。

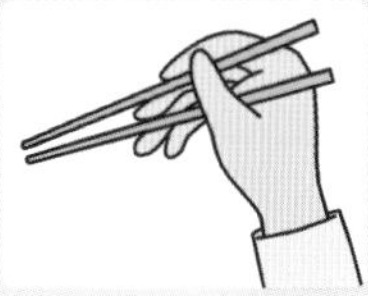

之後……

開始會咬成一口大小，也懂得用筷子把食物分開。

會用湯匙、叉子吃東西，如果孩子對筷子開始感興趣時，讓他們使用兒童專用筷。會用筷子挾起食物放入口中，大塊的食物用門牙咬成一口大小再吃。小孩一開始還沒有辦法靈活使用筷子，要請大人示範給孩子看。

（註：本表所記載的吃東西方式，其標準及時期皆為各個階段的大略情形。每個時期的表現會因人而異，請配合孩子的實際狀況進行調整。）

9個月～2歲半左右

step 1

用手拿

看到孩子有這些舉動時，就試著開始吧！

- 想要觸碰食物。
- 能夠吃一些硬度、大小可以用手拿的固狀食物。
- 可以一個人坐著吃東西。

為日後能夠靈活使用湯匙、筷子的基礎練習期

進入離乳食品的後半期之後，原本只能依賴大人餵食的孩子，會慢慢開始想要自己吃東西。從練習在口中壓碎食物吞嚥，轉變成練習開始自己活用手口吃東西。

用眼睛看，用手觸碰確認，一邊調整力道一邊將食物放入嘴巴這一連串的動作需要眼、手、口的協調，這些動作遠比大人想像的還要複雜。

孩子想用手觸摸食物表示他們對食物開始感興趣，也是孩子自己吃東西的第一步。會弄髒餐桌或衣服可能會讓家人很辛苦，不過，讓孩子充分體驗用手拿東西吃，可以讓他們了解吃東西的樂趣，這個過程是將來孩子能夠靈活使用湯匙或筷子的基礎。請家長體認這只是一個過渡期，務必讓孩子充分經歷用手吃東西的過程。

尊重孩子想自己做的想法、若無其事的從旁協助

孩子一開會用力握住食物往嘴裡塞，或是把食物弄得亂七八糟，雖然動作不是很熟練，不過隨著反覆的經驗累積，他們會慢慢從用力握住轉變成用手指抓起，以及學會如何把大塊的食物咬成一口大小。另外，當這段期間孩子學會吃一口大小的分量後，將有助於孩子日後自己用湯匙或筷子吃飯時估算分量，較不會吃的到處都是。因為孩子想要自己動手做得情緒高漲，所以請家長們若無其事地從旁協助，配合孩子的步調幫助他們練習。

用手拿東西吃，可以學會這些事

- ✔食物的大小、顏色、形狀
- ✔手指或手腕的活動方式
- ✔食物的軟硬、重量、溫度
- ✔用門牙咬斷食物
- ✔一口大小的量

開始練習用手拿東西吃吧！

「用手拿東西吃」是眼、手、口的協調運動。因為一開始沒有辦法做得很好，所以先從一次10分鐘左右開始練習。藉由家裡大人的幫忙，慢慢地孩子就能學會自己一個人吃飯。

1 練習坐好，姿勢端正

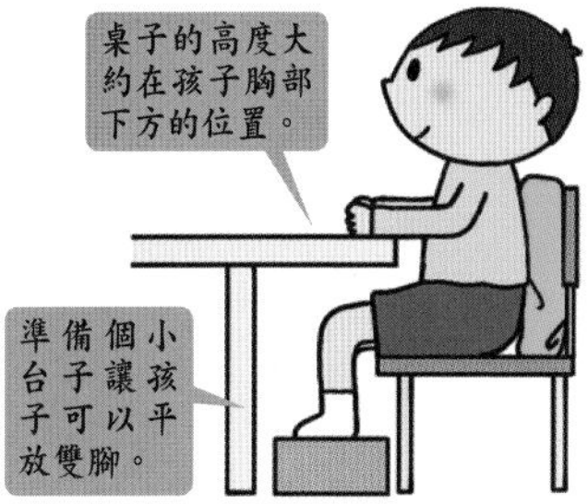
桌子的高度大約在孩子胸部下方的位置。
準備個小台子讓孩子可以平放雙腳。

將桌子靠近孩子的腹部，並讓孩子的背部緊貼椅背。如果是一體成型的桌椅或是椅子上有安全帶，可以利用毛巾或抱枕之類的物品來調整孩子與桌椅間的距離或高度。

2 將食物一樣一樣地放置到孩子的餐盤裡

如果餐桌上擺著數種配菜，孩子會無法集中注意力，有可能會造成孩子邊吃邊玩，所以請把裝有料理的器皿放在遠處，每次只將一種配菜盛裝到孩子的餐盤裡，等孩子吃完後，再盛裝另一種。

3 一開始請大人先協助引導

一開始孩子無法順利地把食物送入口中，或是一次塞進超過一口分量的食物，因此大人可以先抓著孩子的手來引導他們，教他們一次吃下一口大小。

4 練習10分鐘左右就OK

一次練習以10分鐘左右為基準，如果孩子不想自己吃了，或是覺得排斥了就結束練習，由大人餵他們吃完。如果不想結束練習，可以讓孩子拿一些容易用手抓著的食物讓他們自己吃。

靈活用手拿東西吃的練習重點

1. 確實地用門牙咬斷食物。
2. 記住一口大小的量並學會增減。
3. 用3根手指拿著食物放入嘴裡。

餐桌禮儀的重點

- 練習說：「我要開動了」、「我吃飽了」。
- 從碗或杯子開始，練習喝東西。

讓小孩容易用手拿著吃的調理小秘訣

切成長條狀

為了方便孩子用手拿著吃，可以把食物切成長條狀。如此一來孩子在咬斷食物時，也比較容易一咬就是一口大小。

切成塊狀

將蔬菜煮到可以用手指壓碎的軟硬度後，切成方便孩子用手拿的小塊狀，試著改變食材的大小。

將食物調理到外硬內軟

為了讓用手拿的時候食物不要碎掉，所以要將食物調理成表面不沾手，中間用手指能夠壓碎的外硬內軟狀態。

1歲左右

step 2

使用湯匙&叉子

看到孩子有這些舉動時，
就試著開始吧！

- 想要拿湯匙。
- 能夠自己拿著手搖鈴這種手持玩具，並且用手腕的力量搖晃。

不只能練習手的動作，同時還能練習嘴唇或嘴巴

一邊讓孩子用手拿東西吃，充分體驗眼、手、口的協調動作，一邊同步練習第一種餐具——湯匙。孩子一開始會用整隻手握著湯匙，不過隨著懂得如何用手指出力後，拿湯匙的方法也會跟著改變，經過一段時間後，孩子拿湯匙的方式就會和大人一樣。**等孩子習慣拿湯匙，並且能做出「舀」這個動作後，再開始練習用叉子舀東西或叉東西吃吧！**湯匙的練習不只是為了讓孩子能熟練地舀起食物，**也是讓他們練習如何將一口的分量放入口中後，抿唇將湯匙抽出來這個動作**。

請父母特別注意，如果突然就讓孩子使用叉子，那麼孩子在吃東西時，可能會將超過一口大小的食物塞入口中，或是無法確實地使用嘴唇閉合來把東西吃掉。另外，當孩子能夠靈活使用湯匙或叉子吃東西的同時，也會開始用另一隻手按住碗盤等，在吃東西的時候活用雙手。

湯匙&叉子與餐盤的選用

選擇粗柄好握的餐具

由於小孩他們手的活動還不夠靈巧，所以要選擇粗柄好握的餐具。

選擇邊緣較薄的不鏽鋼餐具

邊緣較薄的湯匙比較容易舀起食物；邊緣較薄的叉子則比較容易叉起食物。

選擇小孩容易放入口中的尺寸

挑選湯匙時，選擇前端舀取食物的部分為孩子嘴巴寬度約2／3的大小；叉子則是要選擇前端不尖銳且較細的類型。

選擇有防漏設計且底部較穩的碗盤

碗的邊緣設計成向內收，用湯匙將食物推到碗的邊緣，讓食物沿著邊緣掉進湯匙裡，如此對小孩而言比較容易將食物放到湯匙上。

開始練習用湯匙&叉子吃東西吧！

「讓孩子先坐好」、「一開始由大人協助引導」，這兩個步驟與P29的①、③相同。湯匙和叉子的練習方式都是依照左圖①至④的流程練習，先讓孩子練習用湯匙舀東西，學會後再讓孩子練習拿叉子。

1 由大人引導孩子

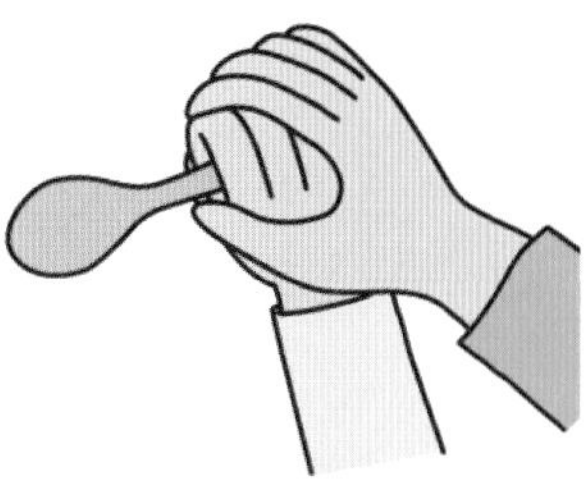

首先很重要的是讓孩子握好餐具。請家人抓著孩子的手，引導他們將食物送到嘴邊。叉子的部分，可以教孩子叉起食物或利用叉子的縫隙撈起食物。

2 從上面握住湯匙（用握拳方式握住）

用整個手掌從上面握住湯匙，使用手肘或手腕動作。一開始，孩子無法順利地把食物放到湯匙上，有可能會用另一隻手幫忙將食物放到湯匙上。這種舉動在這個階段是可以接受的。

3 用手指抓著湯匙

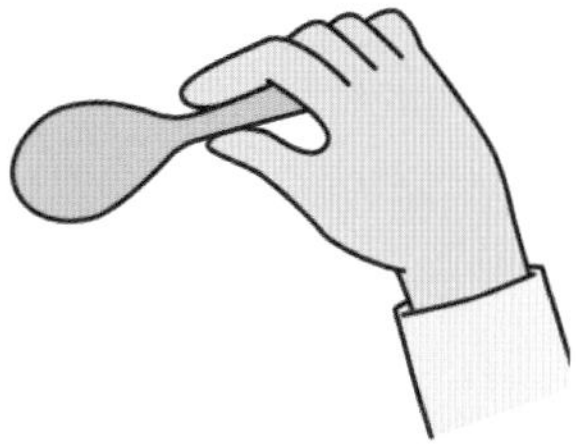

學會②之後，孩子會逐漸轉將食指和大拇指朝向湯匙前端，這時候讓他們練習用手指抓著湯匙。有些孩子會覺得用握拳的方式不好拿，而自然轉變成用手指抓著餐具。

4 使用3根手指像拿鉛筆一樣拿湯匙

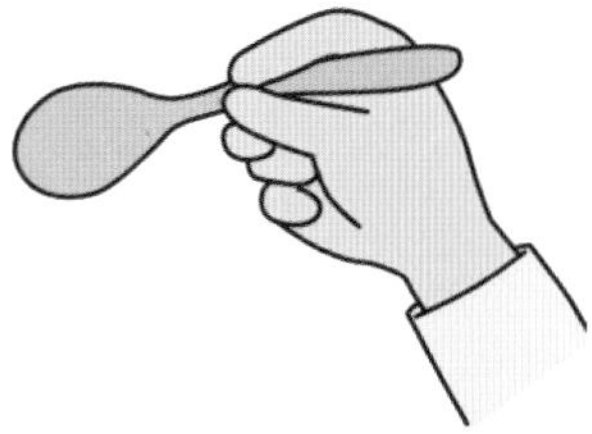

習慣③之後，開始教導孩子像拿鉛筆一樣，從湯匙下面以食指、大拇指、中指輕握餐具。如果學會這個方式，之後學習拿筷子就會很順利。

湯匙&叉子的練習重點

1. 先練習使用湯匙。叉子等吃麵食的時候再挑戰。
2. 練習時因為很常發生沒拿好掉在地上的情況，所以可以多準備一些湯匙和叉子備用。
3. 練習用手拿東西吃，同時練習使用湯匙和叉子。

餐桌禮儀的重點

- 用餐時坐姿端正。（正確的坐姿請參閱P29圖①）
- 吃東西時用手扶著碗盤。

方便小孩用湯匙&叉子吃東西的調理小秘訣

方便用叉子吃的長度

不要太長也不要太短，切成約4公分左右，孩子容易一口吃下的長度。麵條也可以先折短後再煮熟。

勾芡讓食物比較好舀起

就像優格或果凍一樣，如果湯品也能勾芡，對孩子而言會比較容易使用湯匙舀起，也比較容易吞嚥。

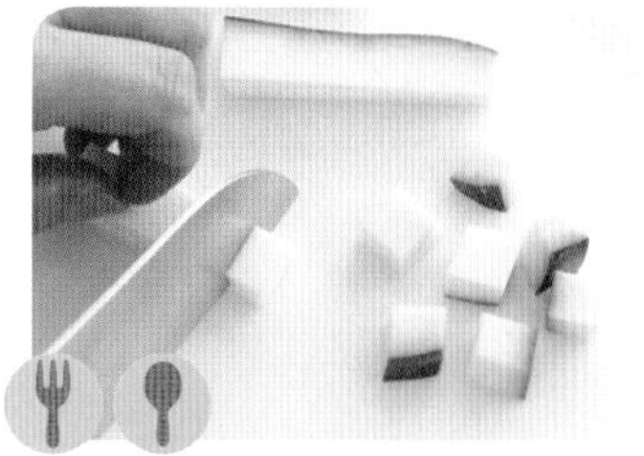

能夠放在湯匙上的大小

把食材切成小塊狀，大小為容易放在湯匙上的一口大小。使用叉子的時候也是一樣。

3歲左右開始

step3

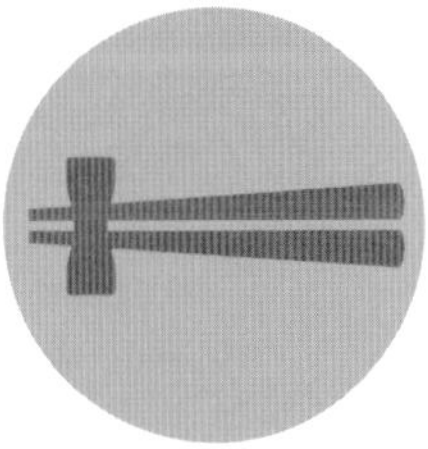

使用筷子

看到孩子有這些舉動時，
就試著開始吧！

- 能夠靈活地使用湯匙或叉子。
- 對筷子感興趣。

※有些孩子從2歲左右起，就會想要拿筷子，可是如果孩子還無法熟練地使用湯匙或叉子，請不要勉強讓孩子拿筷子。

還不會拿筷子是理所當然的，讓孩子慢慢地練習吧！

有時候連大人本身都拿不好的「筷子」，是一種需要手指靈活動作的餐具。雖然孩子到3歲左右時就已經會拿筷子了，不過大概要等到5～6歲的時候才能正確使用。請家長抱著「還不會拿筷子是理所當然的」這種想法，讓孩子慢慢地練習吧！

確實地學會拿湯匙或叉子時的手指動作或力道控制是非常重要的，因為這是學習如何使用筷子的預備階段。而且，剛開始拿筷子也無法立刻熟練使用。為了避免孩子因為無法靈活使用而產生壓力，失去學習意願，所以**建議除了筷子以外，也要準備湯匙或叉子來互相搭配使用練習。**一開始孩子可能會以扒飯的方式吃東西，或是用左手幫忙，所以請家長一邊示範，一邊溫柔教導他們如何正確使用。

? 使用矯正筷會比較好嗎？

孩子要到4至5歲之後才會正確地使用筷子。矯正筷是在這段期間之前，用來輔助孩子的手指活動，所以並不是非得使用不可。如果孩子因為使用矯正筷吃飯覺得很開心吃得比較多的話，讓孩子使用矯正筷也無妨。

筷子的選用方式

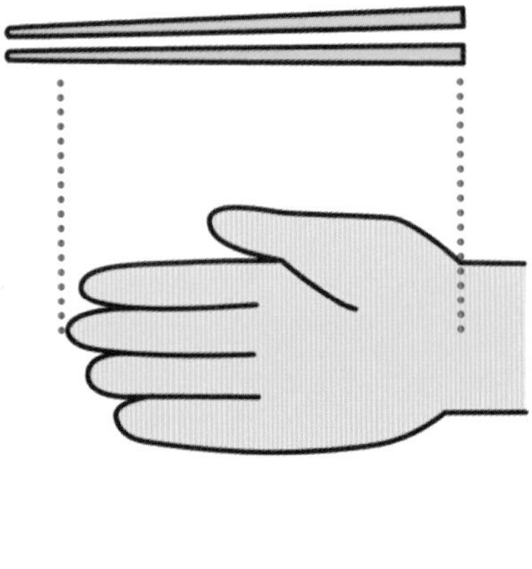

❶ 配合孩子手的長度

以孩子手掌長度（**中指指尖到手腕**）的1.2倍為標準，或是比手掌長3公分左右的筷子。

❷ 容易拿的材質、形狀

木製不光滑的筷子比較好拿。不要太細也不要太粗，筷柄截面形狀為四方圓角的筷子比較不易滑動。

開始練習用筷子吃東西吧！

一旦養成了以錯誤的方式拿筷子，之後要再矯正回來是很辛苦的。孩子可能從2歲左右就會想要拿筷子，但是為了能夠正確使用筷子，請不要著急，讓孩子慢慢練習吧！

1 學會正確的拿法吧！

以食指和中指挾住筷子。
以大拇指指腹輕輕壓著筷子。
下方的筷子挾在大拇指虎口處。
下方的筷子靠在無名指的側邊，用2隻指頭當支撐。

請大人一邊示範，一邊讓孩子從筷子中偏上的位置正確拿好，並配合上圖的重點，溫柔引導孩子。如果孩子感興趣，在用餐時間之外也可以拿筷子來練習。

2 開開合合，練習看看吧！

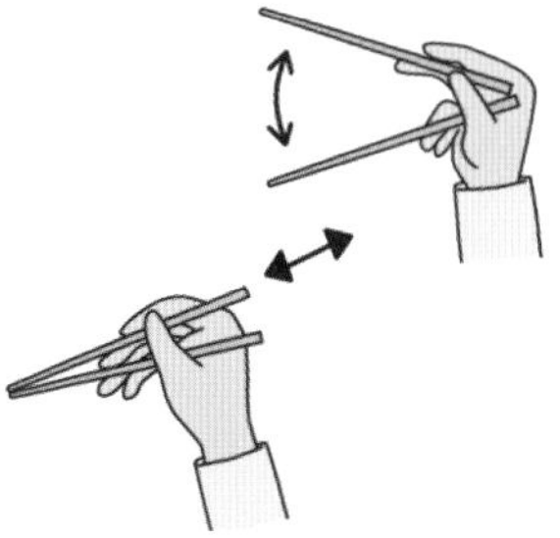

等到能夠正確拿筷子之後，就開始練習將筷子大大地分開，然後再把筷子前端靠攏合起來。筷子打開時，重點是上面的那根筷子要用食指與中指好好地挾住。

3 確認孩子的拿法是否正確

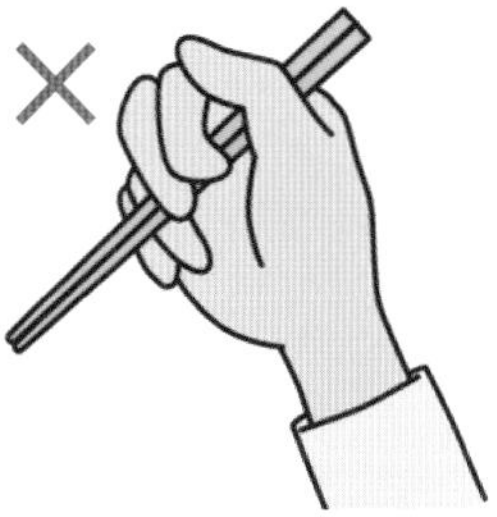

經常確認孩子拿筷子的方式。大拇指的角度或中指的位置等，請參考圖①仔細確認。如果孩子拿法不對的話，在孩子養成習慣之前，耐心矯正孩子。

4 確認孩子是否違反使用筷子的禮節

× 忌拉筷（以筷子挪動碗盤）

× 忌插筷（像叉子一樣，用筷子插食物）

× 忌舔筷（含著筷子或是舔筷子）

使用筷子時有一些特定的禮儀要注意，所以教孩子拿筷子的同時，也要教他們上述的各種禁忌。並配合右邊的「餐桌禮儀重點」讓孩子養成好習慣。

餐桌禮儀的重點

練習拿筷子的同時，也要注意要讓另一隻手扶著餐盤，一起學習正確的餐桌禮儀吧！

1. 拿碗的時候要從碗的邊緣和底部端著。
2. 用左手扶著碗盤（如果是左撇子的話就請用右手）。
3. 吃飯時端正坐姿（不要把手肘靠在桌上）。

請家裡的大人注意孩子諸如此類的小動作。學會①～③步驟，孩子吃東西就不會掉的到處都是。

方便小孩用筷子吃東西的調理小秘訣

方便用筷子挾取的厚度與大小

比起圓球狀的食物，長度約2cm，寬度約1cm大小的食物比較容易用筷子挾取。包水餃時可用手指在中間輕壓（約壓成通心粉大小的寬度），做成蝴蝶結狀，讓孩子從中間挾取。

選擇軟硬度容易挾取的食材

食物太軟會不好挾取，所以在烹調時，需配合孩子的咀嚼能力，將食物調整成方便孩子挾取的軟硬度。

選擇不易滑動的食材

可以選擇水煮花椰菜、高麗菜或凍豆腐等食材。儘量避免秋葵或勾芡類的軟滑食物。

輔助孩子「用手拿著吃」的食譜

「用手拿著吃」這個階段，在菜單變化上很令人傷腦筋。這裡介紹「用手拿著吃」的重點，以及可以應用在每天飲食上的小秘訣。

主食
海苔飯糰
將海苔撕碎，
較容易入口
湯品
地瓜洋蔥味噌湯
孩子會喜歡的
溫潤甜味
配菜
紅蘿蔔拌高麗菜
柴魚風味，
清爽無負擔
主菜
羊栖菜豆腐漢堡排
鬆軟口感，
孩子也會喜歡

配菜 紅蘿蔔拌高麗菜

材料

- 紅蘿蔔、高麗菜…各10g • 柴魚片…少許
- 醬油…少許（1～2滴）
- 煮完紅蘿蔔、高麗菜的熱水…1/4小匙

作法

1. 紅蘿蔔切成1cm長條狀，高麗菜切成5cm的塊狀。
2. 將紅蘿蔔放入裝滿水的鍋中，蓋上鍋蓋以大火烹煮。水滾之後，再加入高麗菜，以中火或小火將食材煮軟。
3. 將作法❷的水分瀝乾，高麗菜心去除菜心，切成1.5cm塊狀。加入柴魚片，醬油和剛剛煮紅蘿蔔和高麗菜的熱水拌勻即完成。

POINT

如果不喜歡單吃沒有味道的燙青菜，用高湯或調味料稍微調味是可以的。故意選用各種不同大小的食材，讓孩子慢慢進階練習。如果能將蔬菜一次煮好，再分給其他料理使用的話也相當方便。

主食 海苔飯糰

材料

- 白飯…80g（約兒童碗一碗的分量）
- 烤海苔…1/3張左右
（一整張尺寸是21 cm ×19cm）
- 紅紫蘇香鬆…1/4小匙（或香鬆）

作法

1. 白飯加入紅紫蘇香鬆拌勻。
2. 將保鮮膜攤平上放上作法❶，以手壓成厚約1cm，用手拿著時不會散開的長方形。將烤海苔撕碎灑在飯糰上。
3. 在菜刀或料理剪刀上沾一點水，將飯糰切成5小塊。

POINT

為了讓白飯不會沾手，可以灑上海苔粉、芝麻粉、黃豆粉等粉狀物。海苔如果太大片，孩子不好咬斷，所以要撕碎方便孩子食用。

湯品 地瓜洋蔥味噌湯

材料

- 地瓜…30g
- 洋蔥…20g
- 高湯…150ml
- 味噌…1小匙
- 蔥花…5g

作法

1. 將地瓜與洋蔥切成1cm大小。切好的地瓜沖水除去多餘澱粉後瀝乾。
2. 將作法❶放入高湯裡烹煮。等食材煮軟後，加入味噌溶解後關火。
3. 灑上蔥花即可食用。

POINT

可以將湯品裡的食材拿一些出來放在盤子上，讓孩子練習用手拿著吃。剩下的部分再和湯一起吃，孩子比較不會吃得這麼勉強也會比較有效率。

主菜 羊栖菜豆腐漢堡排

材料

- 板豆腐…50g • 豬絞肉…10g
- 羊栖菜（乾貨）…1/4小匙
- 紅蘿蔔、洋蔥…各5g
- Ⓐ〔• 麵包粉…1大匙 • 太白粉…1小匙 • 味噌…1/4
- 沙拉油…適量

作法

1. 用乾淨的布巾將板豆腐包起來，放入塑膠袋中綁好袋口，放入冰箱約1小時左右瀝乾水。乾燥的羊栖菜用熱水泡軟切碎。紅蘿蔔、洋蔥燙熟後切碎。
2. 除了沙拉油以外，將所有的材料放入塑膠袋中，搓揉塑膠袋將材料混合均勻。將塑膠袋袋口綁好，在塑膠袋角上剪一個小洞。
3. 將沙拉油倒入平底鍋加熱，將作法❷的材料擠在平底鍋上用湯匙將形狀調整成橢圓形。煎成金黃色後翻面，加入熱開水2大匙（另備），蓋上鍋蓋，煮到水分收乾。

POINT

蓋上鍋蓋燜煮，能夠加速食物熟透，還能煮出鬆軟口感。

主食 小餐包切片三明治（鮪魚&南瓜）

材料

- 小餐包（或大亨堡麵包等）…2/3～1個
- 鮪魚（無油，無調味）…5g
- 南瓜…20g
- 牛奶…約1/2小匙

作法

1. 南瓜水煮後去皮，用叉子背面等工具壓成泥。
2. 將瀝乾水分的鮪魚加入作法1混合，慢慢加入牛奶攪拌成容易塗抹的狀態。
3. 小餐包切成約1～1.5cm厚片，中間劃開，抹上作法2。

POINT

不要把麵包切成兩半，只在中間劃開，如此一來才不會吃一吃就散開，方便小孩用手拿著吃。為了方便食用，中間塗上抹醬或是挾上不會沾手的食材吧！

主食 納豆蔬菜米煎餅

材料

- 納豆（小顆）…1小匙（可省略）
- 蔬菜（汆燙後切碎）…2大匙
  ※高麗菜、小松菜、紅蘿蔔等
- 白飯…4大匙 • 低筋麵粉…2大匙
- 汆燙蔬菜的熱水…約2小匙
- 鹽、海苔粉…少許 • 沙拉油…適量

作法

1. 在容器內加入納豆、蔬菜、白飯、低筋麵粉、鹽和海苔粉混合均勻，再慢慢加入汆燙蔬菜的熱水攪拌。
2. 在預熱好的平底鍋裡倒入少許沙拉油，用湯匙將作法❶放入鍋中，壓扁成3cm大小。
3. 煎成金黃色後翻面，蓋上鍋蓋再煎一下。

POINT

除了可以一次吃到各種食材之外，不易散開的煎餅是用手拿著吃的代表食譜。若將蔬菜先汆燙，還能夠縮短烹調時間，輕鬆完成。

主食 點心 黃豆粉吐司條

材料

- 吐司（8片裝）…1片
- 黃豆粉…1小匙（或奶粉）
- 砂糖…1/4小匙
- 奶油…1/2小匙

作法

1. 將奶油放在室溫下軟化後塗抹在吐司上。
2. 將砂糖混合黃豆粉灑在吐司上。
3. 將作法❷切成寬約2公分的條狀，用烤箱烘烤至表面呈現金黃色即完成。

POINT

如果麵包太軟容易粘附著在孩子的上顎，或是變成一團卡在喉嚨裡，所以稍微烘烤一下，再切成孩子無法一口吞下的長度，讓孩子練習拿在手上用門牙咬斷再吃。

主菜 **米香腸**

材料

- 豬絞肉…25g
- 白飯、洋蔥…各15g
- 低筋麵粉…1/2小匙
- 羅勒葉（切碎）、鹽…各少許

作法

❶ 將洋蔥切碎放入耐熱容器中，灑上1小匙水（分量外），蓋上保鮮膜，用微波爐加熱約30秒後放涼備用。（或用水煮至軟）

❷ 將剩下的材料加入作法 ❶ 攪拌均勻後用保鮮膜包好捲成長條狀，輕輕將兩端扭轉成糖果狀。

❸ 將作法 ❷ 放在耐熱的容器上微波加熱1分半鐘（或放入電鍋中蒸）。取出後切成容易食用的大小。
※請注意加熱太久的話會變硬。

POINT

將白飯混合豬肉餡，再用保鮮膜包好塑型，就是一道方便用手拿著吃的料理。只要用微波爐加熱就可以快速完成。

POINT

蔬菜磨碎後，會變得美味且容易入口，其黏性除了方便食材塑形，還能製造出鬆軟口感。如果想要一次多做一點時，可以利用食物調理機比較方便。

主菜 蔬菜雞塊

材料

- 雞絞肉（雞胸）…20g • 蓮藕…10g
- 洋蔥、紅蘿蔔…各5g
- Ⓐ〔▪ 麵包粉…1小匙 ▪ 太白粉…1/2小匙 ▪ 鹽…少許〕
- 沙拉油、番茄醬（依個人喜好）…適量

作法

1. 將蓮藕、洋蔥、紅蘿蔔以研磨器磨碎後，放入塑膠袋中，再加入雞絞肉和材料Ⓐ，搓揉塑膠袋將材料均勻混合。完成後將材料捏成2×3cm大小的橢圓形。
2. 在平底鍋裡倒入高度約1cm的沙拉油加熱至中溫後（將筷子放入油鍋中出現小氣泡的程度），將作法❶放入鍋中油炸，一邊翻面一邊油炸到兩面呈現金黃色。
3. 將炸好的雞塊放在烘焙紙上去除多餘油脂。依個人的喜好加少許番茄醬即完成。

主菜 香煎海苔馬鈴薯魚丸

材料

- 鱈魚…20g（可用其他白肉魚替代）
- 馬鈴薯…40g
- 牛奶、太白粉…各1/2大匙
- 海苔粉、鹽…各少許 • 沙拉油…適量

作法

1. 將馬鈴薯切成扇形，放入冷水中開始加熱，煮到竹籤可以刺穿馬鈴薯的軟硬度。
2. 再放入去皮去骨，煮熟後瀝乾水分的鱈魚。將作法❶以湯匙壓碎，加入牛奶、太白粉、海苔粉和鹽均勻混合。將材料捏成大小約1.5x2cm的圓形。
3. 起油鍋，將兩面煎成金黃色即可。

POINT

利用太白粉將容易吃起來柴柴的魚肉和馬鈴薯結合，做成軟Q的糰子風味煎餅。將食材軟化後，再固定成形的料理方式，因為方便用手拿著吃，所以非常推薦。

高湯風味的
經典燉菜

配菜 魩仔魚燉蔬菜

材料

- 白蘿蔔、紅蘿蔔…各20g
- 花椰菜…10g
- 魩仔魚…1/2小匙
- 水…200ml
- 昆布（2cm大小）…1片
- 醬油…1/4小匙

作法

1. 將白蘿蔔、紅蘿蔔切成厚1cm的扇形或棒狀。花椰菜分成小朵，大小約1.5cm。
2. 把水、昆布放入鍋中，再放入白蘿蔔和紅蘿蔔，蓋上鍋蓋燜煮至食材變軟。
3. 接著放入花椰菜、魩仔魚、醬油繼續燉煮至熟。

POINT

簡單的燉蔬菜是「用手拿著吃」的基本料理。從高湯中取出食材盛放在盤子中。大人要吃則可以切得大塊些，煮好後再切成小塊給孩子吃也可以。

蘋果的甜味讓豆子
變得容易入口

POINT

「豆類」是在用手拿著吃的料理中很常見的食材。如果一次煮好，再分裝冷凍保存，那麼煮湯或做沙拉的時候也可以用到。推薦使用大紅豆或白豆等糖分較多的豆子。

配菜 白鳳豆燉蘋果

材料（4餐分）

- 白鳳豆（已水煮）…80g（可用白豆代替）
- 蘋果…1/2個
- 砂糖…1大匙・鹽…1小撮

作法

將蘋果削皮去籽切成帶厚度的扇形放入鍋中，加入煮熟的白鳳豆、砂糖和鹽燉煮約10分鐘。
※如果豆子皮不容易食用，也可去皮。

乾燥豆類水煮法

將豆子泡在水中約4小時左右後將水分瀝乾。接著在鍋裡放入豆子和大量的水，蓋上鍋蓋以大火加熱。沸騰之後轉小火，煮約20分鐘直到豆子變軟。（使用壓力鍋的話，大約7分鐘）。

保存方法

在密閉容器中放入煮好的豆子和一些煮豆子的水，防止豆子變乾。冷藏大約可以保存2週左右。要吃的時候，再拿出來加熱。

飽足感十足
的料理

主菜 起司菠菜米蛋餅

材料

- 雞蛋…1/2個・白飯…2大匙・菠菜…10g
- 起司粉…1/2小匙・鹽…1小撮・沙拉油…適量

作法

1. 將菠菜以滾水汆燙後用冷水沖涼，用手將水分擠乾簡單切碎。
2. 將雞蛋打散加入作法❶、白飯、起司粉和鹽攪拌均勻。
3. 將沙拉油倒入平底鍋加熱，將作法❷倒入鍋中。用筷子一邊攪拌，一邊將蛋汁煎成厚度約1cm的蛋餅。
4. 蓋上鍋蓋，將兩面煎成金黃色後，切成孩子方便食用的大小。

POINT

對小孩而言蔬菜不容易吞食，所以要先切碎加入蛋汁中混合。雖然只有使用1/2顆雞蛋，但加入白飯後，料理就會立刻增量！是一道可以同時吃到主菜與配菜的佳餚。

主食 點心

南瓜蒸麵包

材料(3～4個)

Ⓐ〔▪低筋麵粉…60g ▪泡打粉…1小匙〕
▪南瓜…30g
Ⓑ〔▪豆漿…2大匙 ▪沙拉油…1/2大匙
▪砂糖…1大匙 ▪鹽…少許〕

作法

❶ 將南瓜煮熟去皮，以保鮮膜包好，用手壓成泥。將南瓜泥放入容器中加入材料Ⓑ，以打蛋器混合均勻後將材料Ⓐ過篩子加入，用攪拌棒拌勻。

❷ 將作法❶倒入杯子，約7分滿，再將杯子放入耐熱容器中，放進蒸籠排好，用大火蒸15分鐘。如果沒有蒸籠的話，可以用鍋子或平底鍋代替，先在鍋中倒入2cm高的水，將耐熱容器放入鍋中排好。

❸ 以乾淨的濕布包住鍋蓋後蓋上（如圖a），再以大火蒸約15分鐘（請適量加水以免鍋中水分燒乾）。

POINT

不使用奶蛋的清爽滋味。麵包等烘焙食品如果口感太軟，很容易卡在孩子的嘴巴裡。因此麵糰應該控制在：握在手中不會扁掉且可以在口中化開這樣的軟硬才適當。

主食 點心

小松菜優格司康

材料(約15個)

Ⓐ〔▪低筋麵粉…100g ▪泡打粉…1又1/2小匙〕
▪沙拉油…2大匙 ▪小松菜…30g
Ⓑ〔▪原味優格…2大匙 ▪砂糖…2大匙
▪鹽…1小撮〕

作法

1. 將小松菜燙軟後將菜葉切碎，再用研磨器將菜葉磨碎後加入材料Ⓑ混合均勻。
2. 將材料Ⓐ加入容器中混合均勻。倒入沙拉油，用雙手搓揉讓麵粉和沙拉油均勻混合至無顆粒狀態後，加入作法❶混合揉成麵糰。
3. 用保鮮膜將麵糰包好，將麵糰壓成1cm厚的四方形。再用刀子切成1X3 cm的長條狀。
4. 將作法❸排放在鋁箔紙上，用烤箱烤10分鐘左右即完成。

POINT

將麵粉和沙拉油先混合均勻，可以做出司康外酥脆內鬆軟的口感（不可搓揉過久）。這種軟硬度，用手拿著吃也不會一咬就碎，還能在口中化開。

主食 點心

紅蘿蔔法式吐司

材料

• 吐司（8片裝）…1片
Ⓐ〔▪紅蘿蔔（生的磨碎）…1小匙
▪雞蛋…1/2個
▪牛奶（或豆漿）…2大匙
▪砂糖…1/4小匙〕
• 奶油（或沙拉油）…1/2小匙

作法

1. 將材料Ⓐ混合均勻後備用。將吐司切成6等分後，放入材料Ⓐ中浸泡讓吐司充分吸附材料Ⓐ。
2. 放一點奶油到預熱好的平底鍋裡，將作法❶放入平底鍋煎至兩面呈現金黃色即完成。

POINT

已經變硬的麵包也能拿來作法式吐司，控制甜度並加入蔬菜，就能變成一道餐桌上的營養料理！外酥內軟的軟硬度，很適合用手拿著吃。

輔助孩子「用湯匙吃」的食譜

湯匙是孩子第一個使用的餐具。在食材的大小或調理方法上多下點功夫，讓孩子方便使用湯匙舀取，體驗自己吃飯的樂趣吧！

湯品
雞肉蔬菜湯
色彩鮮豔的蔬菜，讓食慾UP
配菜
地瓜橘子寒天果凍
吃起來滑溜溜地
配菜
蜂蜜檸檬醃小黃瓜
蜂蜜檸檬緩和了小黃瓜的青澀味，讓黃瓜變得容易入口
主食
主菜
鮪魚牛奶燉飯
加入牛奶，更濃滑順口

配菜 地瓜橘子寒天果凍

材料（容易製作的分量） ※孩子的一人分是1/4左右的分量。

- 地瓜…100g • 橘子汁（100%）…50ml
- 寒天粉…1/4小匙（或洋菜粉）
- 煮地瓜的水…50ml • 砂糖…約1小匙
- 鹽…少許

作法

1. 將地瓜去皮切成薄片，沖水去除多餘的澱粉後，放入冷水中加熱煮至鬆軟。將水分瀝乾後，趁熱以湯匙將地瓜壓成泥。將燙地瓜的水留起來備用。
2. 將作法❶和煮地瓜的水及橘子汁、寒天粉、砂糖、鹽放入小鍋中，一邊加熱一邊攪拌，直到沸騰。
3. 用水將容器沾濕，將作法❷倒入，高度約1cm。放入冰箱冷藏約30分鐘使其凝固。完成後，可以切小塊放入其他碗盤中。（也可以直接倒入小玻璃杯中。）

POINT

煮好趁著溫熱的時候，還可以當作橘子汁燉地瓜直接吃。也可以試試看用蘋果汁或柳橙汁代替橘子汁，南瓜代替地瓜。

主食 主菜 鮪魚牛奶燉飯

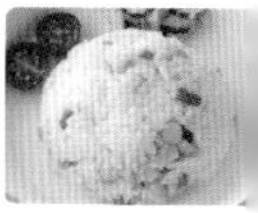

材料（容易製作的分量） ※孩子的一人分是指一碗的分量。

- 米…2杯（360ml）
- 鮪魚（水煮，無調味）…1罐（80g）
- 綜合蔬菜（冷凍食品）…1杯（100g）
- 水…200ml • 牛奶…200ml
- 鹽、沙拉油…各1小匙
- 小番茄…適量（孩子每人份放1顆）

作法

1. 將米洗淨瀝乾水分，放入鍋中加水，浸泡約3分鐘。
2. 將牛奶、鹽、沙拉油、鮪魚（連同罐頭裡的湯汁）加入作法❶，混合均勻。放入未解凍的綜合冷凍蔬菜，蓋上鍋蓋，以大火加熱。沸騰後轉小火煮17分鐘，熄火燜10分鐘後打開拌勻。
3. 將煮好的飯放入碗中，倒扣到盤子上。最後放上對切的小番茄裝飾。

POINT

利用家中常有的食材，即可簡單完成營養均衡的燉飯。建議使用邊緣高起的盤子裝盛，方便孩子練習使用湯匙。

湯品 雞肉蔬菜湯

材料

- 雞腿肉（去皮）…15g
- 洋蔥、南瓜…各10g
- 紅色彩椒、櫛瓜…各5g
- 昆布（2cm大小）…1片
- 水…150ml • 鹽、胡椒…各1/8小匙

作法

1. 將雞腿肉、洋蔥、南瓜、紅甜椒、櫛瓜全部切丁，約1cm大小。
2. 把水、昆布放入鍋中加熱，水滾沸騰後，放入作法❶，蓋上鍋蓋燜煮至食材軟爛。最後放入鹽和胡椒稍微調味即可食用。
   ※如果覺得雞腿肉不容易入口，撈出來切碎亦可。

POINT

食材統一切成可以用湯匙舀取的大小，只要使用昆布高湯燉煮即可完成的簡單湯品。另外，還可以加入麵、飯，或是加點味噌等變換花樣。

配菜 蜂蜜檸檬醃小黃瓜

材料（容易製作的分量） ※孩子的一人分是1～2大匙的分量。

- 小黃瓜…1根 • 蜂蜜…2小匙
- 檸檬汁…1小匙 • 鹽…1/4小匙
- 昆布（2cm大小）…1片

作法

1. 用削皮刀將小黃瓜表面部分去皮做出直條紋後，切成半圓形薄片。
   ※也可以稍微汆燙。
2. 在塑膠袋中放入蜂蜜、檸檬汁、鹽、昆布後混和均勻，將作法❶倒入搓揉，讓黃瓜入味。將塑膠袋的空氣擠出後，封好袋口，放入冰箱靜置約30分鐘左右。
   ※還可再將小黃瓜切碎成容易食用的大小。

POINT

將小黃瓜的皮削掉一半，再切成半圓形，方便孩子食用。小黃瓜用鹽醃漬過後，口感會變軟，除了容易入口，也容易用湯匙舀取。

加入凍豆腐和青菜來
補充鈣質

主食 凍豆腐韓式風味拌飯

材料

- 白飯…80g • 凍豆腐…1/4塊
- 水…50ml • 醬油、砂糖…各1/4小匙
- 紅蘿蔔、菠菜…各5g • 芝麻油…1/4小匙
- 鹽…少許 • 白芝麻粉…1/4小匙

作法

1. 以溫水將凍豆腐泡軟後切碎。小鍋裡加入水、醬油、砂糖煮沸，加入凍豆腐，轉小火煮到水分收乾。
2. 將紅蘿蔔切薄片放入冷水中加熱煮軟，再放入菠菜，煮到菠菜也變軟為止。將煮好的紅蘿蔔和菠菜撈起來沖水，將紅蘿蔔切成短條狀，菠菜切碎。
3. 將作法❷、芝麻油、鹽、白芝麻粉和白飯加入作法❶之後，拌勻即可食用。

POINT

凍豆腐是高蛋白質，且富含鈣質和鐵質的食材。切碎的話，方便孩子使用湯匙吃；稍加調味燉煮還能代替肉類，是非常好用的食材，也可以直接用豆腐替代。

可以大口大口
吃進多種蔬菜

POINT

大紅豆可以先一次煮好備用，要煮甜湯或點心時就能直接使用，非常方便。加入麵粉水勾芡，方便孩子用湯匙舀取食用。調整麵粉水濃度的話，還可以變成湯品，或是變成醬料用來淋在白飯或義大利麵上。

主菜 番茄燉大紅豆蔬菜

材料

- 煮熟的大紅豆…1又1/2大匙
  ※豆類的水煮方式請參閱P.41「乾燥豆類水煮法」
- 水煮番茄（罐頭）…1又1/2大匙（或將番茄底部畫十字燙熟後去皮）
- 洋蔥、櫛瓜、黃色彩椒…各10g
- 昆布高湯…100ml
  ※將約2cm大小的昆布泡在熱開水中直到冷卻，即成為昆布高湯
- 鹽…少許 • 醬油、砂糖…各1/4小匙
- 橄欖油…1/4小匙 • 低筋麵粉…1小匙
- 水…2小匙

作法

1. 橄欖油倒入鍋中加熱，將洋蔥、櫛瓜和黃色彩椒切丁，約1cm大小，放入鍋中拌炒。
2. 加入高湯、水煮番茄、煮熟的大紅豆、鹽巴、醬油、砂糖燉煮到食材軟化後，將低筋麵粉加水溶化，倒入鍋中勾芡。

配菜 高麗菜橘子沙拉

材料

- 高麗菜…20g • 火腿片…1/4片
- 小黃瓜…10g • 橘子（果肉）…10g

Ⓐ〔▪ 橘子榨汁…1小匙 ▪ 鹽…少許
▪ 油…1/4小匙〕

作法

1. 將整片的高麗菜葉用滾水煮軟，小黃瓜切片後與火腿過熱開水備用。
2. 切除高麗菜心後，將菜葉切成1.5cm大小。火腿與小黃瓜切成短條狀。
3. 將材料Ⓐ混合均勻之後，加入作法❷拌勻。將橘子果肉上的薄皮剝除後切半加入即完成。

POINT

因為市售的沙拉醬多半含有較多的油脂或添加物，所以建議盡量避免。將煮熟的蔬菜切成湯匙可以舀起的大小，再淋上果汁做的沙拉醬，即使是沙拉也能夠方便小孩食用。

POINT

利用簡單好做的白醬來增加料理的濃稠度，讓孩子方便使用湯匙舀取，不容易吃的食材加入白醬之後，也會變得美味。因為綜合海鮮不好咀嚼，所以把它切碎加在容易吞嚥的料理中吧！

湯品 奶油海鮮濃湯

材料

- 綜合海鮮（冷凍食品）…15g
  ※蛤蠣、蝦子等
- 綜合蔬菜（冷凍食品）…20g
- 馬鈴薯…20g • 奶油…1/2小匙
- 低筋麵粉…1又/2小匙 • 牛奶…50ml
- 水…100ml • 鹽…1/4小匙

作法

1. 在耐熱容器中放入奶油與低筋麵粉，用微波爐加熱約30秒溶解奶油。接著慢慢地加入牛奶攪拌。完成後，再用微波爐加熱50秒鐘以增加濃稠度。
2. 將切成1cm大小的的馬鈴薯塊和水放入小鍋裡加熱，待馬鈴薯煮熟變軟後，再將解凍切碎的綜合海鮮與蔬菜加入。
3. 最後倒入作法❶與鹽，以小火燉煮至沸騰前熄火即完成。

輔助孩子「用叉子吃」的食譜

孩子能夠順利使用湯匙後，接著就來挑戰叉子吧！這邊向各位介紹幾道容易使用叉子叉起來或是撈起來食用的料理。

湯品
大頭菜玉米湯
利用大頭菜的甘甜提味
主食
和風蔬菜魩仔魚義大利麵
活用魩仔魚的鹹味
配菜
起司烤蘆筍
起司的香濃，讓美味更加分
主菜
香煎豬肉片佐番茄醬
薄肉片捏成團狀後，更可口多汁

配菜 起司烤蘆筍

材料

- 綠蘆筍…2/3根
- 沙拉油、鹽…各少許
- 起司粉…1/2小匙

作法

❶ 用削皮刀將綠蘆筍根部的粗纖維削去後切成2cm長短。
❷ 起油鍋，將蘆筍放入鍋中拌炒，灑上鹽和起司粉後熄火即可食用。

POINT

用平底鍋在做「香煎豬肉片佐番茄醬」時，利用鍋子剩餘的空間拌炒蘆筍，同一時間就能夠完成2道菜。另外，起司粉不只能夠調味，還同時能讓蘆筍不易滑動，方便孩子從盤子中叉取。

湯品 大頭菜玉米湯

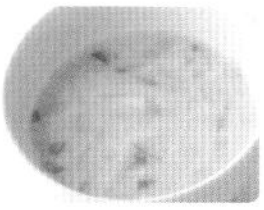

材料

- 大頭菜…15g • 大頭菜葉…5g • 洋蔥…10g
- 高湯（昆布）…100ml
  ※將約2cm大小的昆布泡在熱開水中直到冷卻，即成為昆布高湯，也可使用其他高湯。
- 玉米醬（罐頭）…30g • 牛奶…1大匙
- 鹽…1/4小匙

作法

❶ 將大頭菜與洋蔥切成1cm大小，大頭菜的菜葉切碎。
❷ 在鍋子裡放入高湯與洋蔥，將洋蔥煮軟後，再放入大頭菜與大頭菜的菜葉繼續燉煮。
❸ 倒入玉米醬、牛奶、鹽之後加熱即完成。

POINT

玉米醬罐頭也可以用來製作焗烤的白醬。因為玉米醬的甜味，使得其他蔬菜也變得容易入口，因為濃稠，也方便使用叉子食用。

主食 和風蔬菜魩仔魚義大利麵

材料

- 魩仔魚…1小匙 • 大頭菜葉…5g
- 沙拉油…1小匙 • 醬油…1/4小匙 • 鹽…少許
- 自己喜歡的義大利麵…20g
  ※例如快熟的螺旋麵或通心粉等。

作法

❶ 把沙拉油倒入平底鍋加熱，將大頭菜葉切和魩仔魚一起下鍋拌炒。食材變軟後，加入油、鹽拌勻。
❷ 將義大利麵放入滾水中煮軟撈起加入作法❶加一點剛剛煮義大利麵的水（適量），稍微炒即完成。

POINT

對小孩而言，蔬菜的根莖部位不易食用，但是只要切碎做成香鬆，也能成為餐桌上的常備菜餚。相較於長的義大利麵條，短的義大利麵比較好用叉子叉起，而且還可以省下將麵條切短的時間會比較方便。

主菜 香煎豬肉片佐番茄醬

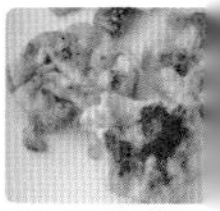

材料

- 火鍋豬肉片…3片（20g）
- 低筋麵粉…適量
- 沙拉油、鹽…各少許
- 番茄醬（依個人喜好）…適量

作法

❶ 將豬肉片攤平放在保鮮膜上，輕輕地灑上鹽，再將低筋麵粉過篩灑上。
❷ 將作法❶捏成皺皺的圓形，約3cm大小。起油鍋，放入肉片煎至兩面呈現金黃色。
❸ 盛盤後，依個人喜好淋上番茄醬。

POINT

如果用厚切肉片的話孩子會咬不斷，所以使用撒上麵粉的薄肉片捏成圓形後香煎，除了容易咬斷，也方便使用叉子食用。撒上麵粉還能避免豬肉吃起來柴柴的。

POINT

油麵淋上熱開水去油，麵條煮軟後，再切成容易用叉子叉起來的長度。因為有勾芡，所以比較容易用叉子食用，配料也容易附著於麵條上一起放入口中。

主食

什錦日式燴麵

材料

- 油麵…1/2袋（65g）• 豬肉薄片…20g
- 青椒、紅椒…各5g • 洋蔥…15g
- 蒜末…少許 • 高湯…100ml
- 芝麻油…1/4小匙
- 醬油…1/2小匙 • 鹽…少許
- 太白粉水（太白粉1/2小匙＋水1小匙）

作法

❶ 將豬肉薄片、青椒、紅椒、洋蔥逆紋切絲，長度約1cm。
❷ 將油麵放入篩子裡，淋上熱開水後將水分瀝乾，切成4cm長。
❸ 鍋子裡放入芝麻油和蒜頭爆香，放入作法❶的豬肉和蔬菜拌炒。
❹ 青椒變軟後，放入油麵、高湯、醬油和鹽，最後再倒入太白粉水勾芡即完成。

POINT

炸得酥酥脆脆的魚片，淋上調味過後的酸甜醬汁，就算是挑食的孩子也能大口大口地吃下去。切成一口大小，用叉子吃也很方便。

主菜

番茄醬燴炸竹莢魚

材料

- 竹莢魚…30g
  ※也可以使用其他的魚類，如鱈魚等，要仔細清除魚刺。
- 太白粉…1小匙 • 青蔥…10g

Ⓐ〔▪ 水…1大匙
 ▪ 番茄醬、醬油、味醂…各1/2小匙〕

- 沙拉油…適量

作法

❶ 將竹莢魚的魚刺清除後切成一口大小，裹上薄薄的一層太白粉。
❷ 在平底鍋中倒入1cm的沙拉油加熱，放入作法❶，將魚肉炸得兩面酥脆。
❸ 小鍋裡放入切碎的青蔥和材料Ⓐ混合均勻，用小火加熱。熄火後將醬汁淋在作法❷上即完成。

配菜 南瓜地瓜蘋果沙拉

材料

- 南瓜、地瓜…各20g • 蘋果…15g
- 葡萄乾…1小匙
- 羅勒葉（切碎，沒有可不加）…少許

Ⓐ〔▪ 原味優格…1小匙 ▪ 砂糖…1/4小匙
▪ 沙拉油…1/2小匙 ▪ 鹽…少許〕

作法

❶ 南瓜與地瓜切成1cm大小，水煮或以微波爐加熱至食材變軟。蘋果切成扇形薄片後，和葡萄乾一起放入耐熱容器中，淋上1小匙水（另備），放入微波爐加熱30秒（或用電鍋蒸熟）。

❷ 將材料Ⓐ混合均勻，加入作法❶攪拌均勻。將羅勒葉切碎灑上即完成。

POINT

如果只有蘋果薄片不容易食用，因此搭配切成塊狀的南瓜和地瓜，就變身成容易用叉子吃的沙拉。原味優格可以當成佐料或沙拉醬的原料。

湯品 豆腐蔬菜細麵湯

材料

- 麵線…10g • 嫩豆腐…30g
- 青江菜…15g • 紅蘿蔔…10g
- 高湯…100ml • 醬油…1/4小匙
- 水…150ml

作法

❶ 嫩豆腐切成1.5cm大小的塊狀，青江菜和紅蘿蔔切成1.5cm的長條形。

❷ 在水中放入紅蘿蔔加熱。沸騰後，將麵線折成1.5cm後放入鍋中煮軟，加入高湯、豆腐和青江菜。

❸ 視味道濃淡再加醬油調味。

POINT

將麵線折短與青菜一起烹煮，讓麵線釋放出鹹味與濃稠度。麵線的滑溜口感也成為這道料理的亮點。

輔助孩子「用筷子吃」的食譜

孩子能熟練地使用湯匙或叉子之後，就可以慢慢開始使用筷子囉！對這裡介紹幾道食譜，教各位如何花點巧思讓食材不易滑動，方便小孩用筷子挾取。

主食
毛豆海菜拌飯
營養均衡
與美味UP
湯品
茄子豆皮味噌湯
用豆皮的
香味來加分
配菜
梅乾拌花椰
菜竹輪
溫和酸味，
促進食慾
主菜
酥脆鮭魚
用美乃滋、
優格麵衣調味

配菜 日本梅乾拌花椰菜竹輪

材料

- 花椰菜…20g • 竹輪…1/4根
- 日本梅乾、砂糖、醬油…各1/4小匙
- 水…1小匙

作法

❶ 將花椰菜分成小朵後煮熟，竹輪切成數小段後用熱水快速汆燙。
❷ 將日本梅乾去籽切碎，加入水、砂糖和醬油混合均勻，拌入作法❶即完成。

POINT

花椰菜的形狀很容易用筷子挾起來。竹輪切成薄片，也方便用筷子挾取。加入涼拌菜或沙拉裡，還可以增添風味。用日本梅乾代替鹽，讓孩子慢慢習慣酸味。

主食 毛豆海菜拌飯

材料

- 海菜（泡水後）…1/2小匙
- 芝麻油、醬油…各1/4小匙
- 鹽…少許 • 毛豆…約5顆
- 白飯…80g

作法

❶ 將海菜切碎，以芝麻油炒過，加入鹽與醬油拌勻。
❷ 將毛豆水煮，變軟後去皮，稍微切碎後，加入作法❶。
❸ 將作法❷加入溫熱的白飯中拌勻即完成。

POINT

將炒過的海菜拌入白飯，不僅可以促進食慾，海菜還會吸收白飯的水分，讓拌飯變得比較好用筷子挾。如果不要將毛豆切碎，直接加入飯裡，還可以用來練習挾豆子。

湯品 茄子豆皮味噌湯

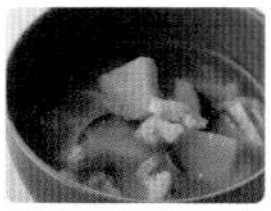

材料

- 豆皮…1/8片 • 茄子…20g
- 青蔥…5g • 高湯（小魚乾等）…150ml
- 味噌…1小匙

作法

❶ 將豆皮淋上熱開水去油後，切成2cm長的條狀。
❷ 用削皮刀將茄子表面間隔去皮，做出直條花紋後，切成扇形，用水沖洗去除澀味。青蔥切末。
❸ 將作法❶及❷放入高湯中烹煮，將味噌溶解拌勻熄火即可食用。

POINT

將茄子與豆皮切成方便孩子用筷子挾取的大小。茄子雖然是很多孩子不敢吃的蔬菜，但是只要讓茄子吸附油脂或味噌湯等滋味，就能變得好吃容易入口。

主菜 酥脆鮭魚

材料

- 生鮭魚…30g
- Ⓐ〔▪原味優格…1/2小匙 ▪美乃滋…1小匙〕
- 麵包粉（細顆粒）…1大匙
- 沙拉油…少許

作法

❶ 生鮭魚去掉魚刺和魚皮後，切成一口大小。
❷ 將材料Ⓐ混合均勻後，將作法❶放入，取出後再沾上麵包粉。
❸ 將錫箔紙塗上一層薄薄的沙拉油，放上作法❷。放入烤箱（或烤魚架）烤至表面呈現金黃色，約10分鐘即完成。

POINT

將魚肉切成一口大小再調理，不僅快熟也不容易碎掉，更方便用筷子挾取。以優格與美乃滋為麵衣沾裹麵包粉，再用烤箱烘烤，比油炸更省油，也更健康。

主食 主菜

油豆腐櫻花蝦炒烏龍麵

材料

- 油豆腐…30g
- 櫻花蝦…1小匙
- 熱開水…2大匙
- 青江菜…20g
- 煮熟的烏龍麵…1/2球（100g）
- 芝麻油…1/2小匙
- 醬油、柴魚片…各1/2小匙

作法

1. 將油豆腐用熱開水汆燙（熱開水另備）。汆燙過後，切成2～3cm長條狀。青江菜的葉子切成同樣長度，菜梗的部分切絲。
2. 櫻花蝦用熱開水泡軟後切碎，熱開水留下備用。煮熟的烏龍麵切成4～5cm長。
3. 將芝麻油倒入平底鍋加熱，放入作法1的油豆腐、青江菜拌炒(如圖a)。再加入櫻花蝦、剛剛泡櫻花蝦的熱開水及烏龍麵拌炒、加入醬油調味後，拌炒至水分收乾。
4. 最後灑上柴魚片即完成。

a

POINT

滑溜的烏龍麵炒過後會比較容易用筷子挾。不容易碎掉變形的油豆腐是一種方便用筷子挾的食材。另外，油豆腐、櫻花蝦、青江菜都富含鈣質和鐵質，而且因為快熟所以方便烹調。

POINT

將口味清爽的馬鈴薯燉肉煮到水分收乾後再灑上芝麻粉，既入味又容易用筷子挾。

主菜 胡麻風味野菜燉雞肉

材料(2～3餐)

- 雞胸肉…1塊（60g）• 胡蘿蔔、洋蔥…各40g
- 馬鈴薯…80g • 豌豆莢…5g
- 高湯…150ml • 醬油、砂糖…各1/2小匙
- 白芝麻粉…1/2小匙

作法

1. 將雞胸肉片成1.5cm大小。紅蘿蔔切成厚度5mm的半月形或扇形。洋蔥切成1×2cm塊狀。馬鈴薯切成厚度約1cm扇形狀後泡水，去除多餘的澱粉。
2. 將鍋子裡放入高湯、作法❶的紅蘿蔔、洋蔥後，蓋上鍋蓋燉煮。
3. 當紅蘿蔔變軟後，加入雞胸肉和馬鈴薯煮至變色，最後加入醬油、砂糖、切絲碗豆莢煮至水分收乾。
4. 熄火，灑上白芝麻粉。

POINT

水餃是一種可以同時享用到蔬菜和肉類的料理。將餃子中間輕捏做成蝴蝶狀，讓孩子從中間挾取，簡單又容易入口。用煎的，除了快熟外，餃子皮也會酥脆好吃。

主菜 蝴蝶結煎餃

材料

- 水餃皮（小塊）…3塊
- 豬絞肉…20g • 高麗菜…10g
- 韭菜…5g • 太白粉…1/2小匙
- 鹽…少許 • 醬油…1/4小匙
- 芝麻油…1/2小匙 • 熱開水…50ml

作法

1. 高麗菜汆燙後切碎，將水分瀝乾。韭菜也切碎備用。
2. 將豬絞肉加入作法❶、太白粉、鹽、醬油充分拌勻，分成3等分放在餃子皮上。將餃子皮的邊緣用水沾濕後直接對折捏緊，最後用手指在中間輕壓，做成蝴蝶結狀（請參考P33左下圖）。
3. 在平底鍋裡加入芝麻油加熱，將作法❷放入平底鍋煎到餃子底部呈現金黃色後加入熱開水，蓋上鍋蓋燜煮。
4. 打開鍋蓋，待水分蒸發，底部變得酥脆後起鍋。

配菜 蘿蔔乾燉凍豆腐

材料

- 凍豆腐（乾貨）…1/2塊 •蘿蔔乾…5g
- 紅蘿蔔…20g •四季豆…10g •芝麻油…1/2小匙
- 柴魚片…一小撮 •醬油、砂糖…各1/2小匙
- 水…200ml

作法

❶ 將凍豆腐和蘿蔔乾用溫開水泡軟，將水分瀝乾。
❷ 將凍豆腐對半切成2～3cm長備用。紅蘿蔔一樣切成2～3cm長。蘿蔔乾切成2cm長，四季豆斜切成薄片。
❸ 將平底鍋加入芝麻油加熱，將作法❷的蘿蔔乾和紅蘿蔔加入拌炒。
❹ 加水煮沸後加入柴魚片、醬油、砂糖、凍豆腐、四季豆蓋上鍋蓋，煮至水分減少。

POINT

凍豆腐和蘿蔔乾切段，方便孩子用筷子挾取。凍豆腐和蘿蔔乾裡富含大量鐵質、鈣質、食物纖維等人體容易缺乏的營養素。

用微波爐
快速汆燙

配菜

大頭菜、彩椒速成醃菜

材料（1～2餐分）

- 大頭菜…30g •大頭菜葉…5g
- 紅色彩椒…10g •鹽、白醋、砂糖…1/4小匙
- 海帶絲…2g

作法

1. 大頭菜去皮、切成扇形，菜葉部分切碎；紅色彩椒切絲；海帶絲切段。將材料放入耐熱容器後，淋上1小匙的水（另備），蓋上保鮮膜放入微波爐加熱約50秒。
2. 將鹽、白醋、砂糖倒入塑膠袋裡混合，再將作法❶倒進袋中混合均勻。
3. 將袋中空氣擠出後封口，放入冰箱冷藏約30分鐘即可食用。

POINT

蔬菜醃漬過後會軟化，所以會變得比較容易用筷子挾起。乾燥的海帶絲可以增添食物風味，因為可以和其他食物一起入口，所以非常推薦。還可以用高麗菜或是小黃瓜試試看。

在刀工上花點巧思，
孩子也能輕鬆入口

POINT

不容易咬斷的食材切成薄片，口感軟嫩的食材切得稍微大塊，但能一口吃下的大小。也可以從大人吃的東西裡，分出來切成小塊給小孩食用。

主菜 湯品

迷你關東煮

材料（4餐分）

- 鵪鶉蛋（水煮）…4顆 •白蘿蔔、紅蘿蔔…各60
- 炸丸子…8顆 •蒟蒻、烤竹輪…各50g
- 昆布（約3cm）…1片 •高湯（柴魚）…200ml
- 醬油、味醂…各1/2小匙 •鹽…1/4小匙

作法

1. 紅蘿蔔、白蘿蔔切成厚度1cm的圓形後，再切成扇形或是用壓模器壓出形狀，剩下的部分切碎。
2. 炸丸子和蒟蒻快速汆燙去除油味和苦澀味。蒟蒻切成2cm的薄塊狀。烤竹輪切成1cm寬。昆布用剪刀剪成小片。
3. 在小鍋加入高湯、昆布、白蘿蔔、紅蘿蔔後蓋上鍋蓋燉煮。
4. 蔬菜熟透後，加入醬油、味醂、鹽調味，最後加入炸丸子、蒟蒻、烤竹輪和鵪鶉蛋，關小火煮約20分鐘後關火，使其入味。
   ※如果整顆的炸丸子或鵪鶉蛋不容易入口的話，也可切成小塊。

專欄

讓吃東西變快樂的加分技巧

對小孩而言，料理的外觀或是餐桌上愉快的氛圍非常重要。即使平常食量很小的孩子，有很多時候只要改變食材的顏色或形狀就願意多吃一點。在這邊介紹8個讓料理看起來變有趣的小技巧。

這些小技巧很容易應用在各種食材或是料理上，請務必試著活用在每天的料理上。只要花點小心思就可以讓每天一成不變的料理變得討喜可愛！如果孩子可以「哇～」的發出驚嘆，吃得開心的話是多麼令人開心啊！

技巧
1

使用壓模器，讓擺盤變有趣

利用壓模器，將煮熟的蔬菜變身成可愛的形狀。配色變得漂亮，孩子的食慾也會跟著提高。如果使用煮熟的蔬菜，小孩也可以輕鬆壓出可愛的圖案。

利用壓模器將切片煮熟的紅蘿蔔、白蘿蔔壓出形狀，放在煎蛋捲上，再擺上煮熟的豌豆莢裝飾。

你也可以這樣做

乳酪、火腿、煎蛋等食材也都可以輕鬆利用壓模器壓出形狀。還可以拿來當作漢堡、咖哩、沙拉上面的裝飾。

技巧 2

夾入各種食材讓料理變有趣

利用夾入各種食材，讓配菜或是麵包改變外觀，提高孩子的興趣。如果再畫上表情之類的圖案氣氛會變得更開心，孩子也會吃得更快。

❶ 將小圓麵包從中間切開，中間挾入高麗菜和漢堡肉。
❷ 用番茄醬畫上表情符號。

你也可以這樣做

例如馬鈴薯沙拉和生菜沙拉這種很容易剩下來的食物，只要把它夾進麵包裡，就會變得容易入口。

技巧 3

一層一層捲起來，做成麵包捲

只要利用保鮮膜將食材捲起來，橫切面就會變成可愛的漩渦狀，引起小孩的興趣。

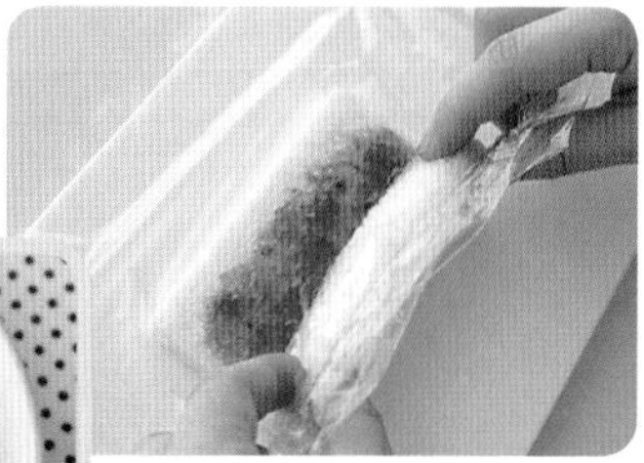

你也可以這樣做

中間塗上南瓜、草莓抹醬或是芝麻醬等也OK。吐司也可以用海苔、乳酪、煎蛋或是火腿代替。

❶ 將吐司放在保鮮膜上，然後在吐司對邊留1cm左右，其餘的部分塗上果醬。
❷ 將吐司從靠近自己的部分折起1cm寬後開始一層層捲起來，用保鮮膜包起來調整形狀後切成5等分。

技巧
4

將海苔捲排成可愛的形狀

將小的海苔捲排列組合成可愛的小花。在白飯裡加入南瓜泥，除了可以讓不喜歡吃白飯的小孩對於米飯的接受度提高之外，營養價值也大大提升。

❶ 將南瓜依照個人喜好加入白飯，並加入少許鹽。將南瓜一邊壓成泥一邊和白飯混合。
❷ 將壽司海苔切成1/4大小後放在保鮮膜上，然後在海苔對邊留1cm左右，其餘的部分鋪滿作法❶。從靠近自己這邊的海苔開始捲，用保鮮膜捲到最後時，稍微壓出尖角做成水滴形狀，切成5等分，排成花朵的形狀。
❸ 最後將紅蘿蔔切成圓形當作花心放在中間。

你也可以這樣做

除了南瓜還可以使用切碎的蔬菜、海苔粉等和白飯搭配使用。使用配色漂亮的食材，更能刺激小孩的感受。

技巧
5

用保鮮膜包起來「扭轉」一下

圓滾滾的福袋狀，很容易用手拿著吃。因為容易送進嘴巴，所以能夠提高小孩自己動手吃的意願。

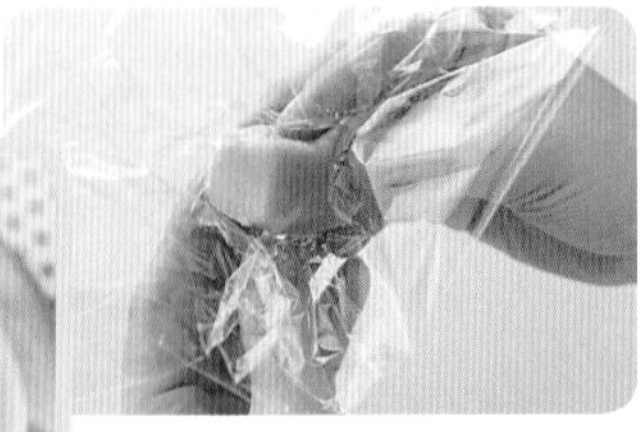

❶ 將南瓜切成3cm的塊狀煮熟去皮，用保鮮膜包起來，用手壓成泥後揉成圓形並將保鮮膜上方扭緊。
❷ 將作法❶取出，在上面擺上蘋果丁或是葡萄乾裝飾。

你也可以這樣做

除了南瓜外，還可以用地瓜或是馬鈴薯等根莖類代替。或用白飯也可以做出同樣的效果。

技巧
6

裝在杯子裡，讓食物變可愛

將食物像冰淇淋一樣裝在杯子裡可以抓住小孩子的心。使用色彩鮮艷的蔬菜裝飾，想吃東西的情緒會更加高昂。建議使用可以重複利用的矽膠杯子。

❶ 將馬鈴薯去皮切成扇形後放入冷水加熱煮熟。煮熟後壓成馬鈴薯泥加入優格或是美奶滋調成自己喜歡的味道後放入杯中。
❷ 將小番茄切成小塊，或是利用煮熟的花椰菜、玉米粒等做裝飾。

你也可以這樣做

杯子裡也還可以放鹿尾菜的燉菜或是煮蘿蔔。因為食物不會在盤子上散成一片，所以用湯匙或叉子吃也很方便。

技巧
7

放進紙杯裡，好像出去玩一樣

只要把食物裝進紙杯裡，感覺就好像是在廟會或夜市的小攤販裡買的小吃一樣。製造出開心的氣氛也是促進小孩食慾的一個重點。

❶ 將地瓜切成寬1cm，長7～8cm的長條後泡水。南瓜切成厚度5mm，長8cm的長條，四季豆去頭去尾。用餐巾紙將蔬菜上的水氣擦乾。
❷ 在小型平底鍋裡倒入高度約2～3cm的沙拉油加熱至中溫後（將筷子放入油鍋中出現小氣泡的程度），將作法❶下鍋油炸。起鍋後放在吸油紙上去掉多餘油脂，冷卻後放進紙杯裡。

你也可以這樣做

在杯子裡可以放進蔬菜棒或是切成細長形狀的吐司條、小的甜甜圈、餅乾、麵包等，也會很有趣。

技巧 8

用海苔做出表情，簡單裝飾

這個小技巧是小孩一定會喜歡的。用來裝飾臉部表情的海苔，雖然用剪刀就可以製作，但是如果能夠使用市售的海苔打洞器，會更方便。

❶ 將白飯用保鮮膜包起來捏成圓形，再用市售的海苔打洞器將海苔做出造型裝飾在飯糰上。
❷ 用芝麻、梅子或果醬裝飾成人或是動物的臉。

你也可以這樣做

也可以在三明治、漢堡或是蛋包飯等料理上，用番茄醬裝飾。番茄醬也很適合用來畫表情。

PART 2

找到原因，
幫助心理與生理的發展！

解決孩子各種飲食問題的食譜

在孩子1～3歲這段時期，「飲食的煩惱」會日漸增加，這是孩子成長過程中無法避免的。因此在這一章裡，會分別用幾個常見的例子來說明5個飲食煩惱的代表例子。這裡會介紹一些方法來解決家長的煩惱，教導各位一些烹調的小技巧讓小孩吃東西，並且推薦一些食譜。這一章滿滿記載著，如何讓家裡的大人小孩都能吃得開心的小秘訣。

【PART2介紹的食譜】基本上都是1歲以上的小孩才能吃的東西。對於1歲的孩子不容易入口的食材，在作法上會特別註記切法等處理上的小技巧。因為食量受到年齡或個人差異影響各有不同，請參考P94的表格自行調整。

學起來吧！

飲食問題的背後存在各種原因

感受或環境

孩子的好惡、堅持，時常改變。而且，吃飯時的環境也會影響孩子的飲食狀況。

不容易入口

有時候孩子雖然想吃，但是因為食材不容易放進嘴巴裡或是不容易咬斷，所以吃不下去。

身體機能尚未發展成熟

體格差異、運動量或是食量本來就因人而異，因此所謂的適量，每個孩子各有不同。且消化機能尚未發展成熟，所以無法一次吃很多。

觀察孩子的狀況，找尋原因和解決方法

孩子在1～3歲這段時期的成長十分顯著，在這段時期裡，父母會因為孩子慢慢學會很多事情而感到很開心，但也是在這段時期裡，有很多父母會開始煩惱孩子的飲食問題。

　這些問題的背後，從身體的機能到心理層面，有各式各樣的理由存在，但是不論是成因或是解決方法都不只一個。正因如此，只要孩子不肯不好好吃飯，有些家長就會感到不安。這時候，建議家長可以先看看孩子是否還是活蹦亂跳、精神奕奕。接著再確認孩子的身高體重是否順利成長！確認過後還是不放心的家長，請諮詢小兒科醫師。

　因為一天要吃好多餐，所以如果小孩有飲食上的問題時，對於家長所造成的負擔其實比想像中的還要大。有時候可能還會煩惱著該如何和個子雖小但卻精力充沛的孩子相處。

　一邊修正錯誤，一邊尋找解決問題的線索吧！請各位家長參考這一章所介紹的食譜或解決方法，找到小孩喜歡的東西，然後慢慢一點一點地幫孩子開拓飲食的範圍。

認清孩子的個性，慢慢地試試看吧！

吃飯的方式會反映出個性與個人差異，因此無法一概判斷，但是一定要清楚教育孩子是非對錯的遊戲規則。但是，如果凡事都嘮叨個不停，可能會造成反效果，讓小孩覺得吃東西很痛苦。應該要認清孩子的個性，尋找適當的應對方法。

例如，對於什麼事都喜歡自己來的孩子，就要盡可能的尊重他們想要自己動手做的想法，當孩子無法順利完成時，再裝作若無其事地從旁協助。做得好就誇獎，做不好時則反覆提醒應該怎麼做才對，例如：「可以用手扶著盤子喔！」之類。如果是慢郎中類型的孩子，則不要過度照顧，不要催促。大人可以一邊示範，一邊輕聲細語的教導並耐心等待。或是利用和朋友一起開心用餐的氣氛，讓孩子對吃東西產生興趣。

從旁協助時的5個重點

POINT 1

尋找問題的原因

飲食問題背後一定有其原因。在尋找飲食問題的過程中可以發現孩子的個性甚至是加深親子間的羈絆。有很多飲食問題其實只是一時性的，所以不要太過焦急，耐心守護是很重要的。如果還是擔心，可以到幼兒園或是小兒科等處諮詢或跟有經驗的親友商量。

POINT 2

讓孩子肚子餓

養成規律的生活，讓孩子適度活動身體，孩子的食慾也會變好。如果三不五時就給孩子吃他喜歡的東西，就會演變成「肚子不餓→不吃飯」的惡性循環。建議家長可以把孩子喜歡的東西當作飯後甜點，這種作法，在對付聰明的孩子更是關鍵。

POINT 3

讓料理變得容易入口

將孩子討厭的食材切碎加進他們喜歡的料理或是用營養價值相似的其他食材代替等，在營養均衡上下點功夫。依照孩子的飲食能力改變食材的形狀或大小，或是在點心裡加入蔬菜等來幫孩子補充營養。

POINT 4

營造愉快的氣氛

特地做菜，孩子卻不肯吃的時候，家長總忍不住會生氣，但是如果強迫孩子吃反而會造成反效果。因此，放輕鬆！首先讓孩子看見大人享受用餐的樣子，用氣氛感染孩子吧！有時候小孩會因為看見周圍的人吃東西而開始吃飯。

POINT 5

讓孩子幫忙

讓小孩知道每一道菜從食材變成料理到送進嘴巴的過程，讓孩子累積飲食與生活息息相關這樣的體驗，孩子會慢慢地了解吃東西的樂趣。本來討厭的食物現在敢吃了，或是能夠在旁邊幫忙了，這些事情也會增加孩子的自信。

POINT 6

成長的必經過程

因為孩子的飲食問題變得焦躁不安或是感覺身心疲憊，這是誰都會歷經的過程。應該要保持耐性，時而溫柔時而嚴厲，一邊思考為了孩子的將來應該怎麼做，一邊守護孩子的成長。這種「成熟的心態」才是最重要的。

食量小・食慾差・不定量

不論是哪一種情況，共通的煩惱都是「不吃東西」。因為肚子還不餓或是本來就對吃東西不感興趣等，原因很多。

雖然食量不穩定是正常的，但是還是找出原因吧！

小孩的食量不像大人一樣是固定的。我想有很多家長會擔心家裡的孩子不愛吃東西，但是如果強迫孩子吃東西或是催促他們，會讓吃東西變得不快樂，反而會成為孩子不想吃東西原因。相反的，氣氛愉快時，有時孩子會因此胃口大增，所以記得不用太神經質。

首先重新審視生活節奏，確認孩子的身體狀況

雖然是非常基本的一個概念，但是要讓孩子好好吃飯的前提就是「讓他們肚子餓」這一點非常重要。儘可能保持規律的生活吧！而且，不只是小點心，有時讓小孩喝太多牛奶，他可能會無法分辨空腹的感覺，因此一定要注意攝取量。

如果小孩還是不吃東西，有可能是因為腹痛、腹瀉，或是吞嚥時喉嚨會痛，口內炎等這些身體因素造成，因此當孩子不吃東西時，記得確認一下孩子是否身體不適。

這時候孩子的心理感受是

- ✓ 肚子很飽（不懂什麼是肚子餓）
- ✓ 被打壞了興致
- ✓ 吃東西不快樂
- ✓ 身體不適

Case 1

本來就食量小

為什麼？

可能是因為肚子還不餓？

本來體態就比較小，再加上消化速度等身體狀況本來就是每個孩子各有不同，因此食量也會因人而異。只要健康發育就不需要太過擔心。不愛吃東西的情況，有時候也可能是因為肚子還不餓。

解決方案！

重新找回生活的節奏，提供營養價值高的食材

重新審視「睡眠」、「正餐與點心」、「玩遊戲」的時間，保持規律的生活。另外，在外面玩耍的時間越多，小孩的食量也會跟著增加。因為一次能吃的量不多，所以給他們吃一些營養價值高的食品（例如：乳酪或是南瓜等）也是一種小技巧。即使是小點心也可以用來補充缺乏的營養。

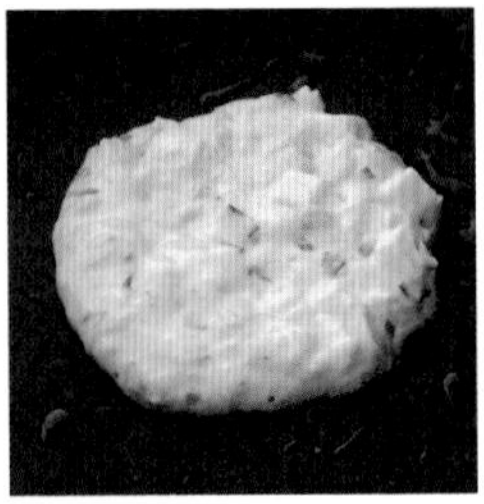

例如，煎餅這種只要一道料理就能營養均衡的點心也很棒。

Case2 沒有食慾

為什麼？

可能是對於吃東西沒有自信，感到負擔

可能是本來對於吃東西就沒有太多慾望，再加上被大人強迫「快點吃飯」，因而對吃東西變得沒有自信。另外也有可能是因為缺乏一些實際體驗，讓孩子無法對飲食產生興趣，例如，直視或是觸碰食物。

解決方案！

透過食物外觀的變化，引起孩子的興趣

一開始先不要盛太多，讓小孩能夠要求再來一碗。下點功夫讓食物的外觀充滿魅力或是容易入口，誘發小孩「好想吃吃看！」的想法。讓小孩看見周圍的人吃的很開心的樣子也很重要。

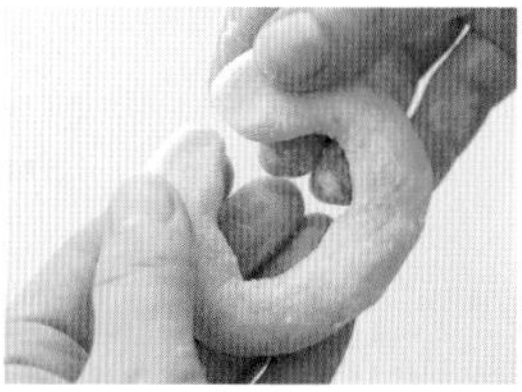

例如，將甜甜圈做成戒指的形狀，在外觀上花點巧思。

Case3 吃得很慢

為什麼？

可能是因為食物不容易吃

慢條斯理也是個性的一種。但是無法順利地將食物放入口中，咀嚼吞嚥時，有可能是因為食材的大小不易入口，或是因為餐具不好用所造成的。如果是因為餐點裡有太多小孩不喜歡吃的食物使得小孩吃得很慢時，這種大眼瞪小眼的情況可能會一直持續。

解決方案！

把小孩喜歡吃的東西和需要咀嚼的東西搭配組合

盡量不要催促孩子，邊哄孩子吃飯邊看顧孩子這點很重要。為了避免營養不足，可以將小孩喜歡吃的東西或是像湯品這種容易吞嚥的料理，搭配能夠促進咀嚼的食材，讓孩子能夠吃得順利吃得開心。

例如，將南瓜以食物調理器打成南瓜湯，改變狀態。

Case4 食量不穩定

為什麼？

小孩子的食量本來就不固定

相較於成人，小孩更容易因為身體狀況和情緒而影響到吃東西的量。有時候是因為不知道何謂適量，所以一次吃得太多導致下一餐吃不下，或是遇到自己喜歡吃的東西就一次吃很多。另外，也有可能是因為攝取太多的甜食。

解決方案！

少量盛盤，讓孩子體會把飯吃完的滿足感

不要一開始就給孩子吃他們喜歡的東西，或是一開始先盛少一點，全部吃完了再添，像這樣調整、穩定他們的食量。補充水分的時候不要給他們果汁或是牛奶，而是讓他們喝白開水或是麥茶等，讓小孩習慣用餐時間和非用餐時間的區別吧！有持續在餵奶或是讓小孩喝牛奶的話，可以視情況慢慢減少，因為很多時候停止餵奶或是喝牛奶會讓他們開始吃東西。

解決「食量小、食慾差」的食譜

即使吃的量少也能有效攝取營養這一點很重要。這邊介紹添加各式各樣的食材，只要一道菜就能營養均衡的料理。

口味豐富，讓孩子一口接一口

主菜 主食

黃豆咖哩

材料

- 煮熟的黃豆…10g（請參照P41「乾燥豆的煮法」）
- 絞肉…20g・洋蔥…20g・紅蘿蔔…10g・大蒜…少許（沒有可不加）
- 低筋麵粉…1/2小匙・水…2大匙・沙拉油…1小匙・番茄醬…1小匙
- 醬油…1/4小匙・鹽、咖哩粉…各少許・白飯…80g

作法

❶ 將黃豆、洋蔥、紅蘿蔔切碎。
❷ 將平底鍋加入沙拉油和蒜末爆香，將作法❶加入鍋中拌炒。當食材軟化並出現光澤後加入絞肉拌炒至變色，灑上低筋麵粉拌勻。
❸ 加入水、番茄醬、醬油、咖哩粉拌炒至水分收乾。加鹽調整味道後淋在白飯上。

解決方案！

在咖哩裡加入黃豆和蔬菜提升營養價值。辛香料、大蒜或是薑等，只要加入少量提味就可以促進食慾。

加入乳酪，
香濃美味

解決方案！

加入含有豐富鈣質的乳酪或魩仔魚，變身成一道能夠讓孩子充分攝取營養的佳餚。醬汁和海苔粉可以用來增進孩子的食慾。

主菜 主食 乳酪魩仔魚大阪燒

材料

- 高麗菜…10g • 韭菜…5g
- 低筋麵粉…20g • 泡打粉…1/8小匙
- 蛋液…1小匙
- 山藥（磨成泥）…1小匙
- 牛奶…1大匙 • 乳酪…5g
- 魩仔魚…1小匙
- 鹽…少許 • 沙拉油…1/2小匙
- 日式中濃醬、番茄醬…各1/2小匙
- 海苔粉…少許

作法

❶ 將高麗菜快速汆燙後冷卻切絲，韭菜切碎。
❷ 在碗中放入蛋液、山藥、牛奶、鹽混合，將低筋麵粉和泡打粉過篩加入碗中攪拌均勻。然後將作法❶以及切成約5mm大小的乳酪丁和魩仔魚拌入混合。
❸ 將沙拉油倒入平底鍋加熱，將作法❷倒入鍋中攤平成圓形，蓋上鍋蓋煎至兩面呈現金黃色，切成小孩容易食用的大小後盛盤。將日式中濃醬和番茄醬混合，塗上少許在煎好的大阪燒上，灑上海苔粉即完成。

可以利用各種蔬
菜加以變化

解決方案！

美味的拉麵風味的湯頭，讓豬肉和蔬菜變得更好吃。將麵條煮到口感偏軟，然後切得短短的！

主菜 主食 蔬菜味噌拉麵

材料

- 麵條（拉麵用）…60g
- 豬肉薄片…20g
- 白菜…20g • 紅蘿蔔…10g • 豆芽菜…5g
- 玉米粒（罐頭）…1小匙
- 芝麻油…1/2小匙
- 大蒜、薑…各少許（如果沒有可不加）
- 高湯（柴魚片、小魚乾等）…200ml
- 味噌…1小匙 • 醬油…1/2小匙

作法

❶ 豬肉薄片、紅蘿蔔、白菜切絲。豆芽菜切成1cm長。玉米粒如果吞嚥有困難，可以切碎。
❷ 在鍋中加入芝麻油和蒜末、薑末加熱爆香，放入豬肉、紅蘿蔔拌炒。倒入高湯，煮沸後加入白菜和豆芽菜。待蔬菜變軟後加入味噌、醬油調味。
❸ 將麵條切成5cm長，加入滾水中煮到麵條偏軟後，瀝乾盛入碗中，淋上作法❷，放上玉米粒裝飾。

主菜 **馬鈴薯乳酪燒**

材料

- 馬鈴薯… 1/2顆（60g）
- 低筋麵粉…2小匙
- 水…約2小匙 • 鹽…少許 • 沙拉油…1/2小匙
- 披薩用乳酪…2小匙
- 熱狗…1/2條 • 花椰菜…10g

作法

1. 將馬鈴薯切成厚度約3mm的扇形薄片後，用水煮至口感稍硬後撈起瀝乾。花椰菜分成小朵煮熟備用。熱狗切圓片。
2. 在碗中加入低筋麵粉、水、鹽拌勻，將瀝乾水分的馬鈴薯倒入混合。
3. 將沙拉油倒入平底鍋加熱，將作法2倒入鍋中，攤平成直徑約10cm的圓型大小（如圖a）。底層煎成金黃色後翻面放上乳酪、花椰菜和熱狗，蓋上鍋蓋加熱至乳酪融化後起鍋。起鍋後可以切成小孩容易食用的大小。

解決方案！

看起來像披薩般美味的外觀誘發孩子想吃的情緒。還可以用白飯代替馬鈴薯。

發揮食材的優點，
散發淡淡的香甜

解決方案！

將小孩愛吃的甜甜圈裡加入南瓜，增加營養價值。除了美味，也是對身體不會造成負擔的手工點心。

點心 南瓜甜甜圈

材料(3顆分量)

- 南瓜…30g
- Ⓐ〔▪豆漿…30g ▪砂糖…10g
  ▪沙拉油…5g ▪鹽…少許〕
- Ⓑ〔▪低筋麵粉…50g ▪太白粉…5g
  ▪泡打粉…1/2小匙〕
- 沙拉油…適量

作法

❶ 將南瓜煮熟去皮用保鮮膜包起來後，用手壓成泥。

❷ 將作法❶放入碗中加入材料Ⓐ均勻混合後，將材料Ⓑ過篩加入拌勻，揉成麵糰。將麵糰分成3等分後，做成長條狀，將兩端接合做成戒指狀。
※在手上沾點低筋麵粉，麵糰就不容易沾手，方便作業。

❸ 在小型平底鍋裡倒入約2～3公分高的沙拉油，加熱至中溫後（將筷子放入油鍋中會出現小氣泡的程度），將作法❷下鍋油炸。反覆翻面，油炸至兩面呈現金黃色後起鍋。

可以攝取
豐富的營養

解決方案！

因為濃湯口感柔滑細緻又有甜味，即使是食量小的孩子也很容易食用。還可以混合其他蔬菜或是用白豆代替鷹嘴豆，自由搭配。

湯品 紅蘿蔔鷹嘴豆濃湯

材料(約6餐分)

- 紅蘿蔔…100g
- 煮熟的鷹嘴豆…80g（請參照P41的「乾燥豆的煮法」）
- 洋蔥…50g • 杏鮑菇…20g
- 沙拉油…1小匙
- 高湯（昆布）…400ml
  ※將約2cm大小的昆布泡在熱開水中，冷卻即成為昆布高湯
- 豆漿…100ml • 鹽…1/2小匙

作法

❶ 起油鍋，將切薄片的紅蘿蔔、洋蔥、杏鮑菇放入鍋中拌炒至軟化。

❷ 加入鷹嘴豆和高湯，蓋上鍋蓋煮至食材變軟。

❸ 加入豆漿、鹽後，用食物調理機攪拌至口感柔滑。

過量飲食

所謂的適量，每個孩子各有不同，要注意不要讓孩子吃進太多高卡路里，或是口味過重的食物。孩子的攝取分量大約是成人飲食的一半；只要能夠注意營養均衡，即使超過一半也不需要擔心。

孩子的食慾會受到當下的情緒影響

這個時期的孩子自我主張變得強烈，什麼事情都想自己動手做。在這樣的情感之下，食慾有時候會受到情緒左右。此外，孩子的飽足中樞還未發育完全，因此對於「是否吃飽了」的感覺比較遲鈍，這一點家長也必須理解。「你已經吃很多囉！」要讓孩子意識到自己已經吃飽。雖然不需要過度擔心，但是要小心不要讓孩子習慣吃太多。不妨重新審視家人的飲食習慣，或是讓孩子適度運動等。

Case 1 要說吃飽時就會哭

為什麼？ 因還無法理解吃飽的感覺

因為小孩子大腦的飽足神經還未發育完全，所以很難理解吃飽的感覺，因此會不斷地想要再來一碗，或是想要把爸媽的分也吃掉，不管多少都能吃得下。再加上如果都是一些軟嫩容易入口的料理，就會接二連三的吃下肚。

解決方案！ 比起分量，應該重視飲食內容，把料理分成小等分

像肉類裡的蛋白質、油炸食物裡的脂肪、重鹹或是過甜的食物，都要避免讓小孩攝取過量。增加穀物或是蔬菜吧！避免直接端出一道道單品料理，而是幫孩子將湯或是配菜等，定量分裝盛到盤子裡。

用有咬勁的根莖類增進飽足感。

Case 2 拖拖拉拉吃不停

為什麼？ 食物的分量不夠，或搞不懂吃飽和沒吃飽的差異

小孩喜歡吃東西是件好事，但是不斷的要求要吃東西時，有可能是因為每一餐的食物分量不夠，所以一下子就肚子餓了；或是因為每次都只吃一點點，所以不懂吃飽和沒吃飽之間的差異。

解決方案！ 訂定吃飯時間及分量，製造餓和飽的差異

重新找回生活的節奏，訂定吃飯時間和食物的分量，在規定時間外盡量控制不要給小孩吃東西。當小孩吃完一定的分量後，設定飯後甜點時間。給予少量的水果等，讓小孩習慣吃了餐後水果等於用餐完畢。

「說聲我吃飽了→喝杯水清口腔→刷牙」規定用餐完畢的動作，讓小孩養成習慣。

避免
「過量飲食」的食譜

這邊介紹藉由加入有咬勁的根莖類蔬菜或使用是低卡路里食材，可以增加飽足感的食譜。

主食 三種乾貨什錦拌飯

越咀嚼越是
香味四溢

材料

- 白飯…80g • 蘿蔔乾…2小匙
- 昆布、櫻花蝦（乾貨）…各1小匙
- 醬油、砂糖…各1/2小匙 • 熱開水…100ml

作法

❶ 將蘿蔔乾、昆布、櫻花蝦泡熱開水，等軟化後取出切碎。
❷ 將切碎的食材以及剛剛泡蘿蔔乾、昆布、櫻花蝦的熱開水倒入鍋中，加入醬油、砂糖煮至水分收乾，便可當作什錦拌飯的基底（如圖a）。
❸ 將白飯拌入作法❷中。

a

解決方案！

比起能快速吸進嘴巴吃下的麵條，需要慢慢咀嚼吞下的米飯反而比較能夠增添飽足感。而且，添加低卡路里且具有咬勁的食材還能夠增加食物的分量。

主菜 蔬菜金針菇牛肉捲

材料

- 牛腿肉薄片…20g ● 鹽…少許
- 紅蘿蔔…10g ● 四季豆…1根 ● 金針菇…4～5根
- 太白粉…少許

Ⓐ〔▪ 水…2小匙 ▪ 醬油、砂糖…各1/4小匙〕

- 沙拉油…1/2小匙

作法

❶ 紅蘿蔔切成5mm×8cm的長條狀，四季豆去頭尾後煮熟。金針菇分成一絲一絲備用。

❷ 在保鮮膜上鋪上牛腿肉薄片，灑上鹽，太白粉過篩均勻灑上。放上作法❶，當成芯捲起來（如圖a）。

❸ 將沙拉油倒入平底鍋加熱，將作法❷，捲到最後的部分朝下放入鍋中。一邊滾動直到全部都煎熟後，將材料Ⓐ混合，均勻淋在牛肉捲上後熄火。起鍋切成容易入口的大小。

a

解決方案

將蔬菜或金針菇包在裡面可以增加口感。蔬菜除了會變得更加美味以外，還能用來增加分量，防止攝取過多的肉類。

湯品 根莖類蔬菜鴻喜菇燉湯

材料

- 板豆腐…30g
- 紅蘿蔔、白蘿蔔…各20g
- 牛蒡…10g
- 鴻喜菇、青蔥…各5g
- 高湯…200ml • 醬油…1/2小匙

作法

1. 紅蘿蔔、白蘿蔔切成2cm大小的扇形。牛蒡、青蔥切段，鴻喜菇切成1～2cm長。
2. 在鍋中加入高湯後放入紅蘿蔔、白蘿蔔、牛蒡、鴻喜菇加熱。等到蔬菜變軟後，加入切成2cm大小的豆腐，青蔥和醬油調味後稍微加熱後即可熄火。

解決方案

加入大量低卡路里的蔬菜、香菇和豆腐。有口感的食材可以增進飽足感，溫暖的湯汁可以填飽孩子的胃。為了避免攝取過多的調味料，利用高湯本身的甜味，讓口味清淡一點也是訣竅。

配菜 冬粉沙拉

材料

- 冬粉…10g
- 小黃瓜、豆芽菜、紅色彩椒…各10g
- 火腿…1/4片

Ⓐ〔▪芝麻油、白醋、砂糖、醬油…各1/4小匙
▪鹽…少許〕

作法

1. 用剪刀將冬粉剪成5cm長。小黃瓜、紅色彩椒、火腿切絲，長度約2cm。豆芽菜也切成2cm長。
2. 在滾水內放入冬粉、紅色彩椒、豆芽菜燙熟後瀝乾，冷卻後加入小黃瓜、火腿和材料Ⓐ拌勻。

解決方案

冬粉、豆芽菜等低卡路里的食材搭配少油的中華風味沙拉醬，立刻成為口味清爽的沙拉。例如，咖哩等主食，只要再搭配一道有口感的配菜，就可以預防過量飲食。

偏食

小孩在開始表現自我意識的1～3歲期間，會開始出現挑食的現象。但不吃的理由並不一定是因為討厭。這種時候不要直接認定孩子「不吃」，反而是在料理上花點心思，耐心等待孩子開口嘗試吧！

自我意識發展的表現

這段時期，孩子的挑食現象並不一定表示「真的喜歡」特定的食物，或是「真的討厭特定食物，所以吃不下去。」有很多時候是因為自我意識的發展，產生某些堅持，所以不吃某些東西，或是相反地，光吃同一種東西。

而且，孩子會因為當下的氣氛改變原本的喜好，或是因為餐桌上的氛圍、有趣的外觀等因素改變原本的好惡。

把它當成會解決的問題，一起思考因應措施

關於孩子挑食，只要不放棄總有一天一定可以解決。

必須注意孩子的狀況，留意小孩挑食的程度，但是不要讓吃東西成為孩子的壓力，所以不要過度勉強這一點很重要。另外，有時候是因為牙齒生長的狀況影響小孩無法好好咀嚼所以沒辦法吃某些東西。在這段時期有些孩子已經開始有蛀牙的現象產生，所以不吃東西有時候其實是因為「牙齒很痛，所以沒辦法吃。」因此當孩子挑食的時候，不妨也檢查一下孩子的牙齒狀況吧！

這時候孩子的心理感受是

- ✔吃不完（食物太硬、太大）
- ✔有自己的堅持
- ✔身體不適（例如牙齒痛等）
- ✔不熟悉味道或是口感（第一次吃到的食材）

Case 1 光看到外觀就不吃

為什麼？

需要花點時間適應食材

對於第一次看到的食材，小孩因為不習慣它的顏色或形狀，所以會比較小心，有時候需要多花一點時間才敢吃。如果大人因此就認定小孩「討厭」這個食物，小孩可能也會以為自己討厭。有些小孩會對於顏色有所堅持，例如看到綠色＝很苦，或是只吃白色的東西等，這些也可能是造成挑食的原因。

解決方案！

改變外觀混入其他食物中吧！

首先要讓小孩看見大人吃得一副津津有味的樣子，然後有耐性地持續讓這個食材出現在餐桌上。在外觀上花點心思，讓小孩體驗到「我敢吃了耶！」的愉悅。如果還是不行，就利用營養成分相似的食物代替，或是混合在其他食物裡讓小孩吃，藉此預防營養失調。

利用壓模器將蔬菜做成有趣的形狀。剩下的部分切碎加入。

Case2 吃進去以後又從嘴裡吐出來

為什麼？ 對於不習慣的味道或是口感覺得奇怪

想要吃東西，但是把食物放進嘴裡又立刻吐出來的時候，可能不是因為「討厭」，而是因為被不習慣的味道或香味嚇到，或者是覺得口感怪怪的（例如，有顆粒等）所以不敢吃。另外，蔬菜或是肉類，有可能是因為纖維太多吞不下去所以又吐出來。

解決方案！ 改變調味或烹調方式

試試看用孩子喜歡的調味或是烹調方式，並且耐心的持續讓小孩吃。特別是酸味或苦味是吃多了才會慢慢喜歡的味道，所以花點心思，例如加點油脂讓味道變得溫和，慢慢讓孩子接受吧！

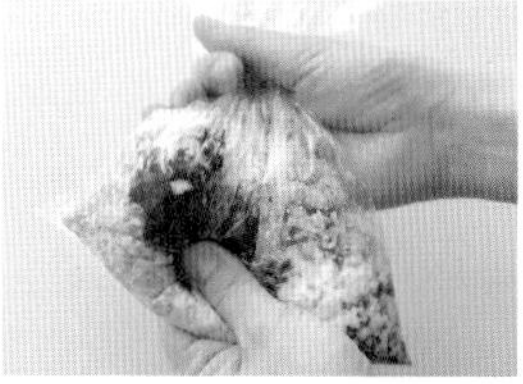
菠菜這種不容易吞嚥的葉菜類，可以切碎加進去。

Case3 好像吃得很辛苦

為什麼？ 食材的大小、硬度不適合或環境有問題

可能不是因為討厭食材，而是因為食材切得太大或是煮得太硬，不容易入口所造成的。另外，餐具、湯匙不好用，桌子椅子的高度不合等環境層面也可能讓小孩吃得很辛苦。

解決方案！ 花心思將食材變得容易吃

特別是小孩不擅長吃的食材例如肉類，家長可以利用切小塊一點或是煮得軟一點，讓小孩在沒有壓力的狀況下慢慢接受。也可以同時使用小孩喜歡吃的食材，讓他們練習習慣食材的大小和硬度！

例如，加點勾芡，讓料理變更容易食用。

Case4 只想吃同一種東西

為什麼？ 吃、不吃，這種堅持也是成長的過程之一

小孩子的喜好會因為環境和情緒影響，動不動就會改變。討厭的東西就不吃，喜歡的東西會就一直要求「我還要！」這些行為都是自我意識開始發達的證明。就把這些堅持或是自我意識的表達當作是孩子成長過程的一部分吧！

解決方案！ 讓小孩對飲食產生興趣就能夠解決問題

讓小孩先把不喜歡的東西吃完了以後，才給他們喜歡吃的東西這種作法也可以，但是當小孩在某種程度上已經可以一個人吃飯的時候，試著一次把所有的料理端上桌並且反覆要求孩子按照順序吃掉。另外，讓孩子一起去買菜、認識食材，或是讓孩子幫忙一些簡單的處理，讓小孩對於飲食產生興趣也很重要。

解決「挑食問題」的食譜

「把食物外觀變可愛」、「把食材切碎混合其它食物」等，花點巧思讓食物變得更容易入口。為了讓小孩對於飲食產生興趣，建議可以讓他們在旁邊幫忙。

把蔬菜變可愛

主食 豆漿焗烤造型蔬菜

材料

Ⓐ〔・豆漿…100ml ・在來米粉…1/2大匙 ・鹽…少許〕
- 白飯…80g ・紅蘿蔔…20g ・火腿薄片…1片
- 綠蘆筍（穗尖）…1/4根
- 玉米粒（罐頭）…1小匙
- 起司粉、麵包粉…各1小匙

作法

❶ 將紅蘿蔔切成厚薄約3mm的片狀後煮熟。火腿快速汆燙。用壓模器壓出喜歡的圖形。將壓模剩下來的食材切碎和白飯混合。

❷ 在小鍋中放入材料Ⓐ，不斷用勺子攪拌煮至濃稠。

❸ 將耐熱容器內塗上一層薄薄的沙拉油（另備），鋪上作法❶的白飯後，淋上作法❷。灑上起司粉、麵包粉、切段的綠蘆筍、玉米粒，然後將作法❶的造型紅蘿蔔和造型火腿裝飾在上面。放入烤箱烤至表面呈現金黃色。

解決方案

用壓模壓出形狀的食材放在上面裝飾，壓模剩下的材料切碎加入白飯裡。如此一來，可以同時「讓小孩看見自己在吃什麼」及「讓小孩看不見自己在吃什麼」。濃郁可口的白醬可以包覆蔬菜的味道讓料理變的更容易入口。

恰到好處的酸味，
刺激食慾

解決方案

將小孩不愛吃的蔬菜切碎加在其他食材裡，再搭配鹹鹹甜甜的勾芡，就會變得容易入口。也可以用花椰菜或是其他蔬菜代替。

主菜 糖醋菠菜肉丸子

材料

- 豬絞肉…25g • 菠菜…10g
- 麵包粉…2小匙 • 牛奶…1小匙
- 鹽…少許 • 沙拉油…1/2小匙

Ⓐ〔▪ 醬油 ▪ 砂糖…各1小匙 ▪ 白醋…1/4小匙 ▪ 太白粉…1/2小匙 ▪ 水…3大匙〕

作法

1. 將菠菜放入滾水中汆燙過後沖冷水。撈起後將水分擠乾切碎。
2. 在塑膠袋裡放入麵包粉、牛奶、鹽混合，然後加入豬絞肉以及作法❶的菠菜後，均勻混合。
3. 將沙拉油倒入平底鍋中加熱，將作法❷分成5等分揉成圓形排在平底鍋上，一邊滾動一邊煎。接著將材料Ⓐ混合後，均勻倒入鍋中，攪拌至醬汁呈現濃稠狀即完成。

滑嫩口感讓麵條可以咻地
一聲，吸進嘴裡

解決方案

將帶有苦澀味的蔬菜切成碎末，加點油脂或是味噌，會變得比較容易吃。加點豆腐或是淋在白飯上也很推薦。

主食 主菜 味噌肉燥蔬菜烏龍麵

材料

- 烏龍麵…100g
- 豬絞肉…20g
- 茄子…10g • 青椒…5g • 青蔥…5g
- 大蒜、薑…各少許（如果沒有可不加）
- 芝麻油…1/2小匙
- 水…100ml

Ⓐ〔▪ 味噌…1小匙 ▪ 醬油、砂糖…各1/2小匙〕

- 太白粉水（太白粉1/2小匙＋水1小匙）

作法

1. 將茄子、青椒、青蔥切碎備用。
2. 將平底鍋加入芝麻油，放入蒜末、薑末爆香後，加入豬絞肉拌炒。拌炒至變色後加入作法❶，然後加水繼續煮。將材料Ⓐ混和後加入鍋中調味，最後加入太白粉水勾芡。
3. 將烏龍麵切成容易入口的長度煮熟後沖冷水。撈起並瀝乾水分後盛盤，淋上作法❷即完成。

主食 **毛豆蔬菜什錦炸物丼飯**

酥酥脆脆的口感，
真開心！

材料（4餐分）

- 水煮毛豆…12粒※也可使用冷凍毛豆 • 地瓜…20g
- 紅蘿蔔、洋蔥…各30g • 魩仔魚…1小匙 • 低筋麵粉…50g
- 泡打粉…1/2小匙 • 水…4大匙 • 鹽…少許
- 沙拉油…適量 • 白飯…80g

Ⓐ〔• 高湯…2大匙 • 醬油…2小匙 • 砂糖…1小匙〕
- 海苔…適量

作法

❶ 水煮毛豆去皮後稍微切碎。地瓜切成8mm大小的塊狀，泡水後用網子撈起瀝乾。紅蘿蔔、洋蔥切小段。

❷ 將低筋麵粉、泡打粉過篩篩入碗中，加入水和鹽混合做成天婦羅麵衣。將作法❶和魩仔魚也加入混合。

❸ 在平底鍋中加入1～2cm高度的沙拉油，加熱至中溫（將筷子放入油中會出現很多泡泡）。用湯匙將作法❷一匙一匙輕輕舀進鍋中油炸（如圖a）。等到底部的麵衣凝固後再翻面，油炸至整體呈現酥脆狀。

❹ 將材料Ⓐ倒入另一個鍋子裡煮至沸騰後熄火。在盛好的白飯上放上炸好的食材（也可以切小塊方便食用），淋上醬汁後，將海苔撕碎灑在上面。

a

解決方案

什錦炸物是一道同時可以吃進豆類、蔬菜或是含有豐富鈣質魩仔魚等食材的料理。如果淋上醬汁做成丼飯的話，連白飯都會一碗接一碗。

主菜 味噌美奶滋烤鮭魚

材料

- 生鮭魚…30g
  ※也可使用其他喜歡的魚類
- 味噌…1/4小匙
- 美奶滋…1小匙
- 海苔粉…少許

作法

1. 生鮭魚除去魚皮和魚刺後，切成一口大小。將於鮭魚塊放在錫箔紙上排好，塗上味噌和美乃滋混合而成的醬料後，灑上海苔粉。
2. 放入烤箱（或烤魚架）烤約10分鐘。

解決方案

味噌和美乃滋的鹽分和油脂可以緩和魚類的腥臭味。這種作法能夠讓魚肉吃起來不會太柴，所以即使不喜歡吃魚的小孩也很容易接受。如果用料裡剪刀等將魚肉先剪成小塊再放進烤箱烤，不僅快熟也方便食用。

點心 彩色蔬菜果凍（番茄、南瓜、小黃瓜）

材料（150ml 大小的杯子3個分）

Ⓐ〔▪蘋果汁（100%純果汁）…150ml
▪寒天粉 …1/2小匙 ▪砂糖…1小匙
▪鹽…1小撮〕
- 番茄、南瓜、小黃瓜其中一種…50g

作法

1. 在小鍋中放入材料Ⓐ混合攪拌煮至溶解、沸騰。
2. 將去皮去籽切碎的番茄，煮熟去皮壓成泥的南瓜，磨成泥的小黃瓜，其中一種和作法❶混合均勻。倒進用水沾濕的小杯子裡，放進冰箱冷藏凝固。
   ※將材料Ⓐ的分量乘上3倍，分3等分，分別加入3種蔬菜也可以。

解決方案

以蘋果汁為基底的寒天果凍酸酸甜甜的，可以中和蔬菜的菜腥味讓果凍變得容易入口。而且還能補充維生素，所以非常推薦當成配菜食用。

不好好咀嚼

能夠確實地咀嚼食物對孩子的成長是很重要的。透過一些能夠增進咀嚼的調理方式，讓孩子養成好好的咀嚼過後才吞下去的習慣吧！

大人要示範給孩子看，讓小孩養成咀嚼的習慣

雖然和挑食問題相較之下，這個飲食煩惱的排列順位較低，但因為正值乳臼齒開始長齊的1～3歲，要如何讓孩子養成「咀嚼」習慣是很重要的。確實咀嚼食物可以促進牙齒和下顎的發展，在預防肥胖上也扮演重要的角色。但是，小孩子在咀嚼或是吞嚥能力上當然還不如大人。一邊提醒孩子「要咬一咬喔！」一邊示範給孩子看，幫助孩子養成咀嚼的習慣。

Case 1 把食物含在嘴裡

為什麼？

食材不容易咬爛

雖然有稍加咀嚼，但是不吞下去只是一直含在嘴巴裡，或是吐出來。這有可能是因為食材的形狀和小孩牙齒生長的狀況及咀嚼能力無法配合，例如，食材切得太大塊或是纖維比較粗等。有些時候則是因為小孩一次吃得太大口，或是不喜歡食物的味道或是口感所造成。

解決方案！

利用刀工或是調理方式，讓食物變得容易食用

處理肉類或是蔬菜時，只要將纖維切斷，口感就會變柔軟。將加熱的時間稍微延長，或是切成容易咀嚼的大小等，調整食物的調理方式。而且要提醒孩子「要咬一咬再吞下去」，然後示範給孩子看。

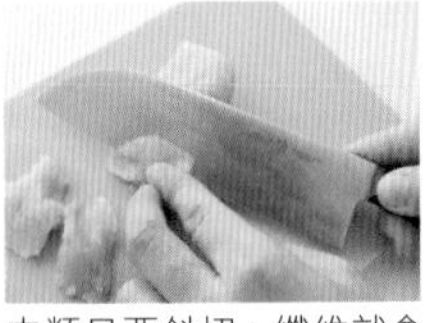

肉類只要斜切，纖維就會斷開，口感會變得軟嫩。

Case 2 不咬就直接吞下去

為什麼？

沒有培養咀嚼能力

可能是因為很多料理不用咬就能吞下去，所以孩子沒有培養咀嚼能力，或是因為臼齒還沒長齊，所以還不能好好咀嚼。不用咬一咬就一口一口吞下去，有時候會因為吃太快而造成飲食過量的問題。

解決方案！

將食材調理成無法一口吞嚥的大小和硬度

將食材切成無法一口直接吞嚥的大小或是調理成稍硬的口感，用來增進小孩的咀嚼能力。另外，給他們吃一些越嚼越香的零食，例如，昆布、魷魚絲或是地瓜乾等，讓孩子練習咀嚼，但是要留意不要讓小孩噎著。從旁提醒孩子，讓他們有意識的「咬一咬」吧！

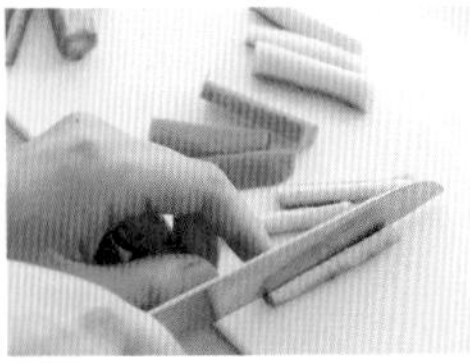

蔬菜棒也是能夠增進咀嚼能力的菜單之一。

解決「不好好咀嚼」的食譜

食物容易入口的大小和硬度因人而異。參考這裡的食譜，試試各種形狀，找出適合孩子的烹調方式吧！

芝麻油的香味
讓食慾大增

主菜 照燒蔬菜雞肉

材料

- 雞胸肉…20g • 鹽…少許 • 太白粉…適量
- 南瓜、洋蔥…各20g • 芝麻油…1/2小匙

Ⓐ〔▪水…2小匙 ▪醬油、味醂…各1/2小匙〕

作法

❶ 將雞胸肉切成一口大小的薄片，灑上太白粉和鹽備用。將南瓜和洋蔥切成厚度約1cm一口大小的塊狀，放進耐熱容器中蓋上保鮮膜，用微波爐加熱約1分鐘。

❷ 將芝麻油倒入平底鍋中加熱，將作法❶的雞胸肉鋪平在鍋中煎至兩面呈現金黃色後，加入南瓜和洋蔥拌炒。等所有食材熟透後，將材料Ⓐ混合均勻，沿著鍋邊倒入，待食材出現光澤後即可熄火。

解決方案！

食物太硬或太軟都是造成小孩不願咀嚼直接吞嚥的原因。將容易煮得太柴的雞胸肉切成薄片再裹上太白粉，能夠讓雞胸肉口感濕潤容易入口。蔬菜事先燙過再蒸煮，對小孩的咀嚼不會造成負擔，能夠很容易食用。

配菜

水煮蔬菜棒佐芝麻味噌醬

材料

- 紅蘿蔔、牛蒡、小黃瓜等…共約50g

Ⓐ〔▪味噌…1小匙 ▪蘋果汁…4小匙
▪白芝麻粉…1/2小匙 ▪太白粉…1/4小匙〕

作法

❶ 紅蘿蔔、牛蒡切成條狀後水煮。小黃瓜切成條狀後，用熱水快速汆燙，也可生吃。

❷ 將材料Ⓐ放入耐熱容器中混合後，放入微波爐加熱至濃稠狀，約30秒（或用小火煮）。將作法❶搭配沾醬食用。

解決方案

將口感較硬的蔬菜水煮軟化，再切成無法一口吞下的大小，可以增進孩子的咀嚼能力。搭配口味清淡的沾醬或是灑點鹽等會讓小孩覺得蔬菜更好吃。

點心 主食

起司吐司脆餅

材料（約2餐分量）

- 吐司（8片裝）…1片
- 奶油…1/2小匙

Ⓐ〔▪起司粉…1小匙
※起司粉可用黃豆粉代替
▪砂糖…1/4小匙 ▪海苔粉…少許〕

作法

❶ 在吐司塗上奶油。將材料Ⓐ混和後灑在吐司上，切成適當大小。
※可以切成條狀或是三角型等，這樣會更有趣。

❷ 將作法❶放入烤箱中，以160℃的溫度20分鐘，烤至酥脆。

解決方案

酥脆的吐司脆餅，由於口感好，放進嘴巴又會融化，所以推薦可以用來當作孩子練習咀嚼的食物。把形狀調整成方便用手拿著，又容易入口的大小吧！

咖哩風味，
讓食慾大增

解決方案

根莖類爽脆的口感可以增進孩子的咀嚼能力。藉著燉煮時間的長短可以改變食材的口感，所以可以依照孩子的咀嚼能力加以調整。如果對小孩而言不容易食用，完成後再切小塊也OK。

配菜 蓮藕紅蘿蔔咖哩金平煮

材料

- 蓮藕、紅蘿蔔…各15g
- 蒟蒻絲…10g • 四季豆…5g
- 芝麻油…1/4小匙
- 水…100ml
- 柴魚片…1小撮
- 醬油…1/2小匙 • 咖哩粉…少許

作法

1. 將蓮藕和紅蘿蔔切成2cm大小，厚3mm扇形薄片。蒟蒻絲切成2cm長，四季豆斜切成薄片。
2. 將芝麻油倒入鍋中加熱，將作法❶的蓮藕和紅蘿蔔下鍋拌炒。加水後蓋上鍋蓋用小火燉煮至容易食用的硬度。**※水分減少的話就加水。**
3. 加入蒟蒻絲、四季豆、柴魚片、醬油、咖哩粉後，煮至水分收乾後即可食用。

醬油的
焦香味四溢

配菜 烤玉米

材料

- 玉米…1/4根
- 醬油…1/2小匙

作法

1. 將玉米剝皮後折半放入滾水中煮熟。
2. 將作法❶切成圓形或半月形，厚度約1～2cm，塗上薄薄的醬油，放在平底鍋中滾動烤熟。

解決方案

將玉米切薄片讓小孩用手拿著吃，可以讓小孩練習如何用門牙啃咬。焦香的醬油香氣也可以促進食慾。如果小孩不知道怎麼吃，家長請從旁協助。

飲食煩惱 ❺

邊吃邊玩

小孩邊吃邊玩弄得髒兮兮的很容易讓家裡的大人生氣。但有時候看起來像在玩，其實是在練習吃東西。另外，1～3歲的小孩能夠集中精神吃飯的時間最多只有10～15分鐘而已。所以如何營造一個能夠讓小孩專心吃飯的環境很重要。

開始對什麼都感興趣期特有的飲食問題

當孩子學會自己走路，活動範圍變大的同時，他們感興趣的範圍也會變大。這個時期的孩子因為好奇心旺盛，所以注意力無法集中。因此，會一下子拿著食物或餐具玩耍，一下子又離開座位。等到孩子可以一個人好好吃飯時，就會慢慢變穩重。理解孩子會邊吃邊玩只暫時性的，然後思考如何應對吧！

Case 1 把食物弄得亂七八糟

為什麼？ 想知道食物的觸感或想玩

用手把食物弄得亂七八糟，用湯匙或是叉子把食物壓扁，或是把湯加到飯裡等，小孩有很多不同的玩法，可能是因為有興趣所以想確認觸感；想吃但是無法順利地一個人吃；不想吃等，想要判別原因非常困難，但是可以試著重新審視周遭環境，看看孩子是否能專心吃飯。

解決方案！ 用容易入口的食物練習

將打翻會很麻煩的白飯或是湯汁放在比較遠的地方，將容易用手抓的食物少量放置在盤子中，讓孩子練習用手拿著吃吧！像這樣讓孩子吃得開心，但適時的告訴孩子，「不可以這樣玩喔！」阻止孩子邊吃邊玩也很重要。手髒了就用濕毛巾幫孩子把手擦乾淨，或是用叉子叉著食物讓孩子拿著吃等，讓孩子感受乾乾淨淨吃東西時的好心情吧！

Case 2 坐不住、不專心

為什麼？ 是無法專心吃飯還是無法區分吃飯和玩耍的差別

好奇心旺盛的孩子對什麼都感興趣，所以很難專心吃飯。如果有玩具在旁邊或是電視機開著，就會注意力不集中。也有可能是因為無法區別玩耍和吃東西的差異所造成的。

解決方案！ 下點功夫讓小孩轉換心情

如果是會到處走來走去，那就讓孩子維持無法站起來走動的坐姿。一離開位子就把他帶回位子坐好，並且用堅定的態度提醒孩子乖乖坐好。把玩具這些會讓孩子分心的東西收起來，或是逆向操作，將玩具拿到餐桌上跟孩子說：「〇〇也在看你吃飯喔！」讓孩子習慣「收拾玩具↓洗手↓坐好」這些用餐前的步驟，讓他們轉換心情。

料理方面，建議給孩子吃些簡單、容易一口食用，且兼具營養價值的食物。到了孩子3歲左右邊吃邊玩的問題就會減少。

解決「孩子邊吃邊玩」的便當食譜

解決方案！

因為孩子的專注力還太短，所以將食材統合做成不花時間，一口就能食用的料理。

用盤子或是便當裝盛，營造和平時不一樣的氣氛吧！建議準備一些吃起來不花時間的菜色。

主食 梅乾風味紅蘿蔔魩仔魚飯糰

材料

- 紅蘿蔔…5g
- 日本梅乾、魩仔魚…各1/2小匙
- 白飯…80g • 海苔…適量

作法

1. 將紅蘿蔔切薄片放入水中煮熟，撈起前加入魩仔魚汆燙，用網子撈起瀝乾水分。將紅蘿蔔切碎，日本梅乾去籽切碎。
2. 將白飯混合作法❶，分成分成3等分用保鮮膜包起來捏成橢圓形。將海苔剪成細長狀裝飾在飯糰上即完成。

主菜 芝麻風味炸雞塊＆炸薯條

材料（2～3餐分）

- 雞胸肉…1片（60g）
- 鹹梅乾、魩仔魚…各1/2小匙
- Ⓐ〔▪黑芝麻…1/2小匙 ▪水…1大匙
  ▪低筋麵粉…1又1/2大匙 ▪鹽…少許〕
- 馬鈴薯…1/2顆 • 沙拉油…適量

作法

1. 將雞胸肉去白筋，切成一口大小的薄片。
2. 將材料Ⓐ混合製成麵衣，將作法❶裹上麵衣。
3. 在小型平底鍋裡倒入高度約2～3cm的沙拉油加熱至中溫後（將筷子放入油鍋中出現小氣泡的程度），將作法❷下鍋，一邊翻面一邊慢慢炸至熟透。
4. 將馬鈴薯切成短條狀沖水，再用餐巾紙等將水分吸乾後下鍋油炸。

配菜 小黃瓜竹輪佐迷你番茄

材料（2餐分）

- 竹輪…1根 • 小黃瓜…1/16根
- 迷你番茄…4個

作法

1. 將小黃瓜對切半後，再切成8等分細長狀塞入竹輪中。
2. 切成容易食用的寬度。搭配對切的迷你番茄切即完成。

專欄

讓孩子幫忙做菜

幫忙做菜是讓孩子藉著體驗動手做的過程瞭解什麼樣的食材是用什麼樣的方式烹調而成。這個過程能夠提升小孩對於飲食的關心，可以自然激發孩子「想吃東西的情緒」。而且，當小孩覺得「吃東西很開心，喜歡吃東西」，自然吃東西的技巧也會變好。開始幫忙做菜後，小孩食慾大增的情況也很多。從日常生活中開始，讓小孩體驗看看吧！即使只是1～3歲的孩子，能幫忙的事情也很多。

配合小孩的年齡與發展，讓他們幫忙做菜吧！

1歲 左右

刺激他們的五感，激發他們對於吃東西的興趣

刺激小孩的五感（例如聲音或是味道等）讓孩子對吃東西產生興趣。除了讓他們觸摸食材，還可以讓他們幫忙在料理上桌前做最後的收尾等（如盛盤），讓孩子看見食材的變化也十分有效果。讓他們將注意力放在食物的顏色或是形狀上，「看起來好好吃」、「這聲音真好聽」一邊對話一邊愉快的用餐。

2歲 左右

想自己動手做的情緒高漲，正好讓他們開始幫忙做菜

這個年紀的孩子因為想要自己動手做的情緒高漲，且理解能力和手的動作也發展的不錯，所以很適合開始幫忙做菜。但是因為無法持續專注在一件事情上，所以讓他們重點式地幫忙，如「撕」、「剝皮」等。讓孩子多觸摸各種食物，培養他們想吃東西的情緒和味覺吧！

3歲 左右

享受和孩子一起動手做菜，一起吃飯的快樂吧！

這年紀的孩子可以開始幫忙一些簡單的調理工作。如果有大人陪同，可以完成準備材料、切、加熱、盛盤等一連串的調理動作。有過一次烹調經驗後，小孩心裡會產生「還想再試一次！」這種自信和希望。讓我們享受和孩子一起做菜、吃飯的快樂吧！

對吃東西的興趣不斷攀升！讓小孩成為好幫手的小秘訣

1歲 左右

試試看這樣做

用手去觸摸

• 讓他們用眼睛認識蔬菜、水果，用手觸摸，教他們蔬菜水果的名稱。

動手做

• （和大人一起）用手將高麗菜「撕」成一塊一塊。
• 「剝」香蕉皮等。

像這樣讓小孩好像在玩遊戲一樣，動手幫忙。

2歲 左右

試試看這樣做

用手混合

• 幫忙淘米、幫忙洗菜。

揉成圓形

• 讓小孩幫忙將麵包或是麵糰揉成圓形。

用手搓

• 讓小孩幫忙搓湯圓或是餅乾等用粉做的麵糰。

用工具混合攪拌

• 讓小孩幫忙用打蛋器將鬆餅的材料混合攪拌。
• 讓小孩幫忙用湯匙將蔬菜和沙拉醬拌勻。

採收自家栽種的蔬菜食用

• 讓小孩採收食用自家陽台種植的小番茄等。

3歲 左右

試試看這樣做

用菜刀切東西

• 使用兒童專用菜刀，切些簡單的東西。
準備兒童專用菜刀（建議使用初學者專用，小把、刀刃較厚，不要太鋒利的菜刀），讓小孩從水果等容易切的東西開始練習。要一邊提醒孩子將壓住食材的手指向內縮（像貓爪一樣），小心不要切到手，慢慢來。

用手捏

• 讓小孩幫忙用保鮮膜將白飯包起來捏成圓形做成飯糰。

裝飾食物

• 在燉飯或是杯子蛋糕上畫圖裝飾等（或是用壓模器將蔬菜壓出形狀也很有趣）。

1歲左右～

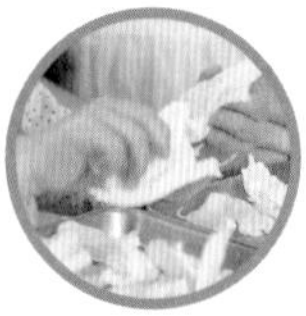

手撕高麗菜佐鹽昆布

材料（2～3餐）

- 高麗菜…50g（約2片）
- 鹽昆布…1小匙※請使用不添加化學調味料的

作法

1. 將高麗菜用手撕成一口食用的大小。放入塑膠袋中，加入鹽昆布後綁緊袋口，上下搖一搖。
   ※如果是1歲左右的孩子要吃，高麗菜水煮，並且將鹽昆布切成小塊方便食用。

2歲左右～

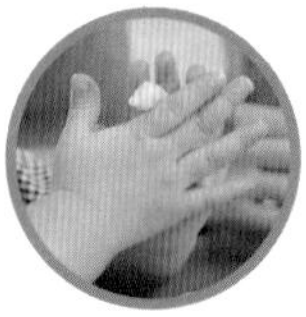

手壓紅蘿蔔餅乾

材料（約30個）

Ⓐ〔▪低筋麵粉…80g ▪太白粉…20g ▪泡打粉…1/2小匙〕
Ⓑ〔▪紅蘿蔔（磨成泥）…15g ▪豆漿…20g ▪沙拉油…30g ▪砂糖…20g ▪鹽…1小撮 ▪檸檬汁…1/2小匙〕

作法

1. 將材料Ⓑ放入碗中用打蛋器攪拌均勻。將材料Ⓐ放入塑膠袋或是保鮮盒中封口後搖晃混合均勻後加入剛剛的材料Ⓑ，用攪拌棒拌勻。
2. 用小湯匙挖一勺，用手揉成圓形。在桌上鋪上烤盤紙，將麵糰放在上面用手心輕輕壓成約5mm的厚度。烤箱預熱180℃，將麵糰放進烤箱烤約15～20分鐘。
   ※用芝麻或海苔代替砂糖，做成鹹餅乾也可以。

3歲左右～

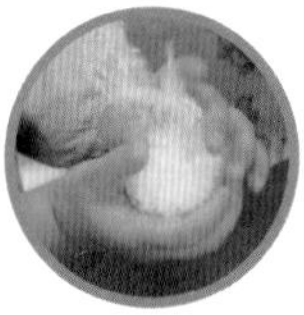

手捏香鬆＆御飯糰

材料（4餐分）

- 白芝麻、櫻花蝦（乾貨）…各 1大匙
- 海苔粉…1小匙
- 鹽…1/4小匙
- 鹽昆布…80g

作法

1. 在平底鍋上放入櫻花蝦、白芝麻乾炒，注意不要燒焦。
2. 放入研磨缽中，將櫻花蝦壓碎成約原本的1/4大小後，加入海苔粉、鹽混合。白芝麻也磨成約原本大小的一半。
3. 將半碗白飯（約40g）用保鮮膜包起來捏成圓形後，放在香鬆上滾動讓飯糰沾滿香鬆即完成。

PART 3

煩惱時
翻到這一頁

傷腦筋時可以派上用場的小秘訣

「要怎麼做才能讓孩子每天都能吃得營養均衡？」、「小孩生病的時候應該讓他吃些什麼才好？」、「無法判斷這個食材該不該讓小孩吃……」等，這邊介紹一些，當大家傷腦筋時，派得上用場的資訊或是食譜。當各位心中有所疑惑時，請隨時回過頭來翻閱。

【P88～P93介紹的食譜】基本上都是1歲以上的小孩才能吃的東西。對於1歲的孩子不容易入口的食材，在作法上都會特別說明切法等處理上的小技巧。因為食量受到年齡或個人差異影響各有不同，所以請參考P94的表格加以調整。

「2菜1湯」
是基本菜單

營養均衡的菜單設計

小孩必須均衡的攝取人體所需的營養，才能活力充沛，健康成長。所以讓我們設計一些簡單美味又能吃得開心的菜單吧！

所謂的2菜1湯是指以米飯為基本的「主食」，搭配以魚類、肉類為主的「主菜」，以蔬菜為中心的「副菜」，再加上用來補充不足的營養素和水分的「湯品」所構成。以這個為基礎做變化，例如，在米飯裡加入魚類或是肉類（主菜＋主食），或是在配菜或是湯品裡加入大量的食材等（配菜＋主菜、湯品）。

● 營養均衡的基本

為了維持生命所必須攝取的營養素有5種，分別為碳水化合物、脂肪、蛋白質、維生素、礦物質。每一種營養素都有不一樣的作用，必須要均衡攝取才能有效發揮作用。

礦物質

構成骨骼和肌肉的必須要素

構成健全的骨骼和肌肉等，是孩子成長不可或缺的營養素。鈣質可以構成堅固的骨骼和牙齒，鐵質不足會引起貧血。亞鉛不足的話則會引起味覺障礙。

〔富含礦物質的食物〕

・海藻・菇類・牛奶、乳製品・蔬菜・肝臟・魚類等

蛋白質

構成身體的主要成分

構成身體細胞的主要成分。透過消化會被分解成20種胺基酸，其中有9種被稱為必需胺基酸，必須從食物中攝取。均衡攝取動物性和植物性蛋白質，但攝取過多會造成腎臟負擔。

〔富含蛋白質的食物〕

・魚類・肉類・豆類、豆類製品・蛋・牛奶・乳製品等

碳水化合物

有效率的熱量來源

主要成分為醣類，經人體消化吸收的速度很快，是有效率的能量來源。穀類適合孩子的大腦和身體的發育，如果攝取不足，可能會造成注意力不集中。雖然砂糖也是熱量來源之一，但是攝取過量時會造成蛀牙、肥胖，或是成為小孩不吃飯的原因。

〔富含碳水化合物的食物〕

・米飯・麵包・麵類・薯類等

水

幼兒的身體裡有70%是由水分構成，所以以體重10kg為例，一天應該要補充1公升的水分。

食物纖維

人體消化酵素無法消化的成分。穀類、薯類、蔬菜、藻類、豆類裡有大量的食物纖維，可以整腸，幫助排泄身體裡的有害物質。

維生素

維持生命所必需的營養素

維生素A可以保持眼睛和皮膚的健康，增強黏膜防止病毒入侵。維生素B可以促進生長，維生素C可以提高抵抗力。維生素D促進鈣質吸收，維生素E則有抗氧化作用。

〔富含維生素的食物〕

・肝臟・蔬菜・水果・豆類，豆類製品・魚類等

脂肪

構成細胞膜或血液的成分

熱量的來源之一，構成細胞膜或血液的成分，也是合成荷爾蒙的營養素。富含在肉類或奶油裡的不飽和脂肪酸容易造成動脈硬化或高血壓等疾病。相反的，魚類或是植物油裡富含的不飽和脂肪酸則可以預防類似疾病發生。

〔富含脂肪的食物〕

・植物油・奶油・肉類或魚類的脂肪・芝麻等

● 一天食量的標準（食品例）

小孩的食量因人而異，大致上是成人的一半。依照孩子的體格、運動量或是當天的身體的狀態或情緒臨機應變加以調整。不用一天之內攝取所有食物，大概3～4天左右能夠均衡攝取下表的各類食品和分量即可。

	1～2歲	3～5歲
熱量	**約1000大卡**	**約1300大卡**
穀類	250～300g（兒童碗1碗量的白飯＋8片切吐司1片＋水煮烏龍麵1/2球）	300～350g（兒童碗1碗多的白飯＋6片切吐司1片＋水煮烏龍麵2/3球）
蛋	25g（1/2個）	35g（2/3個）
肉類	20g（炸雞塊用肉片2/3塊）	30g（炸雞塊用肉片1塊）
魚類	30g（1/3塊魚片）	40g（1/2塊魚片）
大豆製品	35g（納豆1/2盒或豆腐1/8塊）	40～45g（納豆2/3盒或豆腐1/6塊）
綠黃色蔬菜	80g（紅蘿蔔、花椰菜、南瓜等）	90g
淡色蔬菜	80～100g（洋蔥、高麗菜、白蘿蔔等）	110g
藻類、菇類	10～15g（海帶、鴻喜菇等）	10～15g
薯類	30～50g（馬鈴薯1/3個）	40～60g（馬鈴薯1/2個）
水果	100g（蘋果1/6個和橘子1個）	100～150g（蘋果1/4個和橘子1個）
牛奶、乳製品	200～300g（牛奶1杯和優格1個）	200～300g（牛奶1杯和優格1個）
油脂類	8g（植物油2小匙）	12～15g（植物油1大匙）
糖類	10g（砂糖1大匙）	15g（砂糖1又1/2大匙）

● 一天餐食的流程（菜單例）

不用每一餐的道數都很多，觀察孩子吃得量，花心思讓孩子能夠均衡攝取必要的營養素。不只是食材，在調味和烹調方式上也不要侷限在特定方式上。

早餐

- 麵包
- 蔬菜炒蛋
- 水果優格

**簡單的料理
搭配蔬菜或水果**

能夠簡單製作，容易食用的料理。麵包或是飯糰搭配由蛋製成的配菜，在加上水果優格等。

午餐

- 炒烏龍麵
- 蜜地瓜
- 迷你番茄

**營養均衡的單品料理
搭配常備菜餚**

可以一次吃到主食、主菜、配菜營養均衡的單品料理，搭配一樣隨時都可以準備好的常備菜餚。

點心

- 牛奶
- 仙貝
- 水果乾

補充營養練習咀嚼

補充不足的營養素。練習挑戰一些口感硬的食物。點心的分量不要太多以免影響到晚餐。

晚餐

- 米飯
- 豆腐海帶味噌湯
- 烤魚
- 芝麻風味涼拌蔬菜

1天1餐和食菜單

1天1餐和食，一邊和孩子對話一邊教導孩子用餐禮儀。

1～2歲 1日飲食示範

早餐

在這邊依照P94「1日食量標準」，介紹一天各餐的菜單。每道菜餚的分量是否均衡請依照家裡的生活型態和孩子吃東西的樣子自行調整。例如：「早餐多吃一點，晚餐少吃一點」等。

小餐包

- 小餐包…1個

▶ 小餐包縱切成4等分，放入烤箱稍微烤過。

蔬菜蛋花湯

- 蛋…1/2個 ● 白菜…30g ● 紅蘿蔔…15g ● 珠蔥…5g
- 高湯…200ml ● 鹽…少許
- 太白粉水（太白粉1/2小匙＋水1小匙）

▶ 將切小塊的白菜和紅蘿蔔放進高湯裡煮，加入鹽和太白粉水勾芡。將蛋液沿鍋邊倒入，加入蔥末後熄火。

香蕉奇異果優格

- 香蕉、奇異果（以中間籽周圍的綠色部分為主）…各20g
- 原味優格…60g ● 砂糖…1/2小匙

▶ 將砂糖混合優格後倒入碗中，放上切成1cm大小的香蕉和奇異果即完成。

午餐

鹿尾菜紅蘿蔔飯

- 小白飯…80g ● 鹿尾菜芽（乾貨）…1/4小匙
- 紅蘿蔔…5g ● 鹽…少許

▶ 將鹿尾菜芽、紅蘿蔔放入冷水中開始加熱，煮熟後切碎，混合白飯加鹽調味。分成2等分後用保鮮膜包起來捏成長條形，將保鮮膜兩端扭轉。吃的時候，可以由大人拿著邊撕開保鮮膜邊餵小孩吃，或是用保鮮膜包起來做成小飯糰亦可。

花椰菜燴豆腐鮭魚

- 嫩豆腐…30g ● 生鮭魚…30g ● 花椰菜…20g
- 高湯…100ml ● 醬油、芝麻油…各1/4小匙
- 太白粉水（太白粉1/2小匙＋水1小匙）

▶ 花椰菜燙熟後切小塊，生鮭魚煎熟或煮熟後將魚肉剝成小塊。嫩豆腐切塊備用。將材料放入高湯中燉煮，最後加入醬油、芝麻油和太白粉水勾芡即可食用。

檸檬蜜地瓜

- 地瓜…30g ● 砂糖…1/2小匙 ● 檸檬汁…1/4小匙
- 鹽…少許

▶ 將地瓜切塊放入鍋中，加水至剛好覆蓋地瓜的高度後開火加熱，沸騰後加入檸檬汁、砂糖、鹽煮至地瓜變軟即可食用。

點心

黃豆粉風味通心粉

- 通心粉…20g ● 黃豆粉…2小匙 ● 砂糖…1小匙
- 煮通心粉的水…1小匙

▶ 將通心粉煮熟後切成3等分放入容器中，加入剛剛煮通心粉的水混合。將砂糖和黃豆粉混合後加入通心粉拌勻即完成。

葡萄

- 葡萄（德拉瓦州無子葡萄）…1/3串（50g）

▶ 將葡萄直接放在盤子上，或剝皮放在盤子上也可以。

牛奶

- 牛奶…120ml

晚餐

白飯

- 黑芝麻…少許
- 白飯…80g

▶ 將白飯盛入碗中後撒上黑芝麻。

南瓜味噌湯

- 南瓜…25g ● 洋蔥…30g ● 高湯…150ml
- 味噌…1小匙 ● 牛奶…1大匙

▶ 將南瓜切塊，洋蔥切絲切小段，放入高湯中煮熟。加入味噌溶化後，加入牛奶熄火。

蘿蔔乾雞肉丸子

- 雞絞肉…20g ● 蘿蔔乾（先泡水軟化）…5g
- 小松菜（菜梗）…5g ● 沙拉油…1/2小匙

Ⓐ〔■ 味噌…1/4小匙 ■ 蛋液…1/2小匙 ■ 牛奶…1小匙 ■ 麵包粉…2小匙〕

▶ 蘿蔔乾放入冷水中開始加熱煮熟後撈起切碎。小松菜燙熟後切碎將水分擠乾備用。將材料A混合均勻後加入蘿蔔乾、小松菜、雞絞肉攪拌均勻後，分3等分捏成圓形。將沙拉油倒入平底鍋中加熱，將雞肉丸子排在平底鍋上煎至底部呈現金黃色後翻面，加入熱水1大匙（另備）後蓋上鍋蓋煮至雞肉丸子熟透即完成。

海苔風味涼拌菜

- 小松菜（菜葉）、玉米粒（罐頭亦可）…各10g
- 海苔、醬油…各少許

▶ 將小松菜燙熟後切碎，玉米粒也切碎。加入撕碎的海苔和醬油拌勻即可食用。

3～5歲 1日飲食示範

早餐

在這邊依照P94「1日食量標準」，介紹一天各餐的菜單。比起1～2歲的孩子，不只食量增加，也開始能夠吃一些較有咬勁的食材。

鮪魚飯糰與乳酪

- 鮪魚（無油、罐頭）…10g
- 美乃滋…1/2小匙
- 醬油…1/4小匙
- 白飯…100g
- 海苔…1/4片
- 乳酪…20g

▶將鮪魚、美乃滋、醬油放入平底鍋拌炒至水分減少。將白飯用保鮮膜包起捏成飯糰後放上鮪魚。將海苔切小片包在飯糰上。乳酪切成條狀搭配食用。

海帶味噌湯

- 海帶（先泡過水）…1小匙
- 大頭菜…25g
- 高湯…150ml
- 味噌…1又1/2小匙
- 大頭菜葉…5g

▶將大頭菜切成扇形放入高湯中燉煮，將大頭菜葉和海帶切碎後加入。最後放入味噌調味。

芝麻紫蘇風味涼拌迷你番茄、小黃瓜

- 聖女番茄（小）…2個
- 小黃瓜…15g
- 紅紫蘇香鬆、白芝麻、鹽…各少許

▶將小黃瓜切成圓形薄片後灑上紅紫蘇香鬆、鹽、白芝麻，搓揉入味。將聖女番茄對切加入。

午餐

豬肉蔬菜番茄義大利麵

- 義大利麵（1.5mm）…30g
- 豬肉薄片…30g
- 洋蔥…20g
- 青椒…5g
- 水煮番茄（罐頭）…50g
- 大蒜…少許
- 橄欖油…1小匙
- 鹽、砂糖…各1/4小匙
- 低筋麵粉…1/2小匙
- 水…1大匙

▶豬肉薄片、洋蔥、青椒切絲備用。平底鍋中加入橄欖油、大蒜切碎放入爆香後將豬肉薄片、洋蔥、青椒加入拌炒。加入水煮番茄、鹽、砂糖，待食材熟透。將低筋麵粉和水混合後加入鍋中勾芡。義大利麵折半後煮熟至口感偏軟後，拌入剛做好的義大利麵醬即可食用。

毛豆

- 鹽水煮熟的毛豆…約6根

蘋果馬鈴薯沙拉

- 馬鈴薯…40g
- 蘋果、花椰菜、火腿…各10g
- 萵苣…5g
- 原味優格…1大匙
- 沙拉油…1小匙
- 鹽、砂糖…各1/4小匙

▶馬鈴薯切小塊煮熟後撈起除去水分壓碎，加入優格、沙拉油、鹽、砂糖混合後備用。將花椰菜水煮後分成小朵，蘋果切成扇形薄片，火腿切塊後，和萵苣一起和上述醬料拌勻即可食用。

點心

水果玉米穀片

- 玉米穀片（無糖）…20g ● 葡萄乾…1小匙
- 香蕉…50g ● 奇異果…15g ● 牛奶…150ml

▶ 將玉米穀片、切成一口大小的水果、葡萄乾放入碗中。牛奶先放在旁邊等要吃的時候再加入。

小魚乾、昆布零嘴

- 小魚乾・昆布零嘴…各2小匙左右

牛奶

- 牛奶…120ml

晚餐

白飯

- 白飯…100g

豆腐布海苔清湯

- 嫩豆腐…40g ● 高麗菜…20g ● 布海苔…約1小匙
- 高湯…150ml ● 醬油…1/2小匙 ● 鹽…少許

▶ 高麗菜切小塊後放入高湯中燉煮，將嫩豆腐切塊放入，加入醬油和鹽調味熄火後加入布海苔。

味噌蔥燒魚

- 白身魚…40g ● 青蔥…10g ● 味噌…1/2小匙
- 味醂…1小匙 ● 沙拉油…1/4小匙

▶ 將白身魚片成4塊備用。在錫箔紙上塗上一層薄薄的沙拉油後放上魚塊。將青蔥切末混合味噌、味醂後塗在魚肉上，放入烤箱中（或烤魚架）烤約10分鐘。

韓式涼拌菜

- 菠菜、豆芽菜…各10g ● 紅蘿蔔、玉米…各5g
- 芝麻油、醬油…各1/4小匙 ● 鹽、醋…各少許

▶ 紅蘿蔔切成短絲後水煮、菠菜、豆芽菜水煮後切成2cm長。將所有材料混合即可食用。

令人想一做再做的點心食譜

關於點心

對於無法一次吃下太多東西的小孩而言，點心是他們的第4餐。愉快且放鬆的用餐時間能成為孩子的「心靈養分」。聰明地運用點心時間可以說是讓小孩的飲食生活進行得更加順利的小祕訣。

POINT

溫熱的白飯混合太白粉後放入烤箱烤過，可以讓烤飯糰拿在手上吃的時候不容易散開。加入芝麻的甜味噌用來塗在地瓜或是豆腐上烤來吃也很美味。

蔬菜味噌烤飯糰

材料

- 白飯…75g（1/2杯）
- 太白粉…1/2小匙
- 花椰菜（花球部分、燙熟）…2小匙
- 沙拉油…適量
- 白芝麻、味噌、味醂…各1/2小匙

作法

❶ 花椰菜切碎。
❷ 溫熱的白飯混合太白粉後加入作法❶，分成3等分用保鮮膜捏成橢圓形。飯糰表面塗上薄薄一層沙拉油後排列在錫箔紙上。將白芝麻顆粒稍微磨碎，混合味噌、味醂後，塗在飯糰上，放入烤箱烤約10分鐘。

POINT

用糯米粉和豆腐製成的糰子口感鬆軟，比麻糬更容易食用。如果是1歲大的孩子的話，糰子搓成1cm大小，或是切小塊等，注意不要讓小孩噎到。

豆腐醬油糰子

材料

- 嫩豆腐、糯米粉…各20g
- 水…1小匙

Ⓐ〔▪ 高湯（昆布）…2大匙**※將約2cm大小的昆布泡熱開水，冷卻即成為昆布高湯，亦可用冷水浸泡。**
▪ 醬油、砂糖…各1/2小匙
▪ 太白粉…1/4小匙〕

作法

❶ 嫩豆腐和糯米粉混合均勻。慢慢加水混合至麵糰呈現如耳垂般的柔軟度後，分成8等分後搓成圓形，中間輕壓使其凹陷。
❷ 滾水中加入作法❶，浮上來後再滾1～2分鐘後撈起放置冷水中。
❸ 在小鍋中加入材料Ⓐ煮沸至醬汁呈現濃稠狀。將作法❷瀝乾後混合醬汁即可食用。

點心製作要領

選擇口味清淡的

大人吃的東西含有太多的砂糖、鹽分和油脂，因此盡量在特殊場合才給小孩吃。小孩一旦習慣重口味的食物後，有時候會很難接受蔬菜或是口味清淡的食物。

可以培養咀嚼的食材

選擇可以培養小孩咀嚼力的食材和烹調方式，不要選擇柔軟的麵包，給他們需要好好咀嚼的東西當點心。讓小孩慢慢咬慢慢吃，還能夠提高他們的滿足感。

選擇能夠代替白飯的食物

特別是食量小的孩子，點心可以選擇一些能夠讓孩子補充營養的東西。一天三餐再加上點心（如蒸麵包等）來促進孩子的食慾也是個好方法。

固定點心的分量和吃的時間

點心並不是非吃不可，應該以吃正餐時是否吃得下飯為前提。為了預防蛀牙，也不要讓小孩一直吃個不停。

POINT

優格富含鈣質且可調整腸胃道。加入具有黏稠度的糖漿，即使冷凍過後還是有滑潤口感。從冷凍庫拿出來放在室溫下恢復成容易食用的柔滑口感。

水果優格冰磚

材料（2餐分※約2cm方形×10個）

- 原味優格…100ml
- 草莓果醬（依個人喜好）…1大匙
  ※可用蜂蜜代替果醬。也可以放入壓碎的水果。

作法

❶ 將果醬加入優格中混和。
❷ 將作法❶倒入製冰盒中約七分滿，放置冷凍庫中結冰凝固。
※取出放入密閉容器或塑膠袋中可保存約2週。

POINT

富含維生素C和食物纖維的薯類，非常建議拿來當成孩子的點心。方便實用的地瓜乾也很適合。

奶油烤地瓜

材料

- 地瓜…60g
- 奶油…1/2小匙
- 黑芝麻…1/4小匙

作法

❶ 將地瓜皮約略剝掉一半左右，切成1cm厚的圓形薄片後泡水去掉多餘的澱粉。
❷ 將地瓜水分瀝乾後排放至平底鍋上，放入奶油後開火。蓋上鍋蓋煎至兩面呈現金黃色。用指尖稍微捏碎黑芝麻後灑上即可食用。
※可以用沙拉油代替奶油，也可以灑上少量的鹽。

小孩生病時的食譜

不舒服時該怎麼吃

症狀嚴重時不要勉強孩子吃東西，以補充水分為優先不要讓孩子出現脫水現象。遵照醫師指示，如果有食慾就讓孩子慢慢吃些容易消化的東西（少脂肪、少纖維質、不刺激的食物**）幫助身體恢復。**

POINT

利用好消化的稀飯補充鹽分和糖分。蔬菜和水果裡所含有的果膠有整腸的作用，可以預防腹瀉和便秘。

嘔吐、腹瀉

魩仔魚紅蘿蔔南瓜粥

材料

- 白飯…40g（約1/4杯）
- 紅蘿蔔…5g • 南瓜…10g
- 魩仔魚…1小匙
- 高湯（昆布）…150ml
  ※將約2cm大小的昆布泡熱開水，冷卻即成為昆布高湯，亦可用冷水浸泡
- 鹽…少許

作法

1. 在小鍋子裡放入白飯、紅蘿蔔泥、去皮切薄片的南瓜、魩仔魚以及高湯混合，蓋上鍋蓋加熱。
2. 沸騰後轉小火，將南瓜壓碎小火慢煮15分鐘。加入鹽調味後繼續燜熟。

喉嚨痛

鱈魚大頭菜雪見鍋

材料

- 鱈魚…20g **※可用其他白肉魚代替**
- 大頭菜…50g • 大頭菜葉…5g • 嫩豆腐…20g
- 高湯…150ml • 醬油…1/2小匙

作法

1. 將高湯加熱至沸騰後加入去皮去骨切成一口大小的鱈魚、及切塊的嫩豆腐、切末的大頭菜葉燉煮。
2. 加入醬油和磨成泥的大頭菜後熄火。

POINT

黏膜發炎時吃一些容易吞嚥少刺激的食物。火鍋的蒸氣可以讓呼吸順暢，美味且充滿營養的湯汁可以用來補充水分。富含維生素C的大頭菜磨成泥後加入。

基本3步驟

STEP 1 有食慾之前讓小孩補充水分和電解質

即使沒有食慾也要時常讓小孩補充水分。特別是發燒、嘔吐和腹瀉時，水分和電解質很容易流失，所以要確實的補充水分。

STEP 2 給小孩吃些容易消化吸收的東西

將稀飯等容易消化或是軟嫩的食物做成清淡的口味，慢慢讓小孩食用。特別是在小孩嘔吐、腹瀉時，在症狀緩和前都要小心。

STEP 3 症狀穩定後就恢復正常飲食

長期限制飲食，會造成營養不良，所以要吃些營養均衡的食物幫助身體恢復健康。遵照醫師指示，從容易食用的食物慢慢回復到正常飲食。

便祕 梅乾香蕉豆腐渣可可亞瑪芬蛋糕

材料(4個分量)

- 梅乾（去籽）…2顆
- 香蕉…1/3根

Ⓐ〔▪生豆腐渣…20g
▪沙拉油、砂糖（如果有，改用甜菜糖）…各10g
▪鹽…1少許〕

Ⓑ〔▪低筋麵粉…50g ▪泡打粉…1小匙
▪可可粉…1小匙〕

作法

❶ 在碗中放入材料Ⓐ用攪拌器混合均勻，將材料Ⓑ過篩加入後用攪拌棒均勻混合。

❷ 將作法❶倒入杯狀蛋糕模中約7分滿。將梅乾和香蕉切塊後放置麵糊上面，輕輕壓進麵糊裡。烤箱預熱180℃，烤約20分鐘。

POINT

使用一些富含食物纖維的食物吧！例如：豆腐渣、梅乾、香蕉、可可亞等。甜菜糖裡含有寡糖，具有整腸作用，少量的油脂也有利於排便。

發燒 葛粉燉蘋果&優格

材料(6餐分量)

- 蘋果…1個（160g） • 水…200ml
- 砂糖…20g • 鹽…1小撮
- 葛粉（或太白粉）…1小匙 • 原味優格…3大匙（1人分

作法

❶ 蘋果削皮去芯後切成扇形。放至冷水中開始加熱，加入鹽和砂糖後煮至水分變少。葛粉加水化開後沿鍋邊加入，一邊輕輕將蘋果壓碎，煮至黏稠狀。稍微散熱後放置冰箱冷藏。

❷ 在容器中放入優格後加入作法❶即可食用。

POINT

濃稠的燉蘋果搭配優格冰涼滑潤口感。補充因為發燒流失的水分和礦物質。

食物過敏時的食譜

什麼是過敏？

當異物從體外進入體內時，身體驅逐異物的機制我們稱之為免疫。免疫系統的過剩反應所引起的疾病則稱之為過敏。消化能力尚未發育完全的嬰幼兒很容過敏，其症狀有很多種，例如濕疹或嘔吐等都是過敏反應的一種。這種介紹幾個代表性的食譜供大家參考。

不使用小麥粉、麵粉、蛋

POINT

只要使用稗粟麵（雜糧細麵）和上新粉（糯米粉），就可以享受天婦羅蕎麥麵的美味。不使用麵粉的雜糧麵裡，還有小米麵（拉麵）、黍子麵（義大麵），這些都可以在天然食品商店裡購買。

天婦羅稗粟麵

材料

- 稗粟麵（雜糧細麵）…30g • 地瓜…20g • 紅蘿蔔、洋蔥…各15g
- Ⓐ〔▪上新粉（糯米粉）…1又1/2大匙 ▪泡打粉…1/8小匙 ▪水…1大匙 ▪鹽…1小撮〕
- 炸油…適量 • 高湯（昆布和香菇）…150ml
  ※將約5cm大小的昆布和1片香菇放進400ml的熱水中浸泡即成為高湯
- 醬油…1小匙 ※如果對大豆或小麥過敏者，使用原料為其他雜糧製成的醬油
- 砂糖…1/2小匙 • 青蔥…5g • 菠菜…10g

作法

1. 將高湯加熱至微溫加入醬油、砂糖煮沸，加入蔥末後熄火。
2. 將地瓜切成半月形，洋蔥切成1.5×3cm塊狀，紅蘿蔔切成1cm寬4cm的長條狀。將材料Ⓐ混合成麵衣，將地瓜、洋蔥、紅蘿蔔裹上麵衣，用中溫油炸至外表酥脆。菠菜汆燙備用。
3. 稗粟麵折半後，根據外包裝指示煮熟，沖冷水。將水分瀝乾後放入作法❶中，以小火加熱至麵條軟硬度適中容易食用，即可盛入碗中。再將作法❷放在麵條上方即完成。

不使用蛋

熱炒豆腐

材料

- 板豆腐…50g
- 沙拉油、砂糖、鹽、醬油…各少許
- 薑黃（如果有，也可用南瓜粉）…少許
- 珠蔥…適量

作法

起油鍋放入板豆腐，慢慢加入砂糖、鹽、醬油，用鍋鏟一邊將豆腐壓扁一邊拌炒。如果有，就加入少量的薑黃上色，炒至水分蒸發呈現鬆散狀。灑上蔥末即完成。

POINT

將豆腐炒至水分蒸發，上點顏色再調味的話看起來就很像炒蛋。不能吃的東西，就用類似的「仿真料理」增加孩子吃東西的樂趣吧！

應對策略

使用替代食品 避免營養不良

為了避免營養不良，用豆類製品或魚類代替奶蛋類等。不能吃的東西就用替代食品，像這樣拓展孩子的飲食經驗也很重要。

聰明地尋找 過敏應對食品

利用天然食品商店或網路商店尋找過敏應對食品的販賣店家。找到同伴交換資訊也是有很效的方法。

定期就診 接受適當治療

因為自我判斷而排除某些食物，有時候會對孩子造成負面的影響，所以要和小兒科醫生進行討論，給予符合當下情況的治療（排除某些食物）。

知道主要 過敏原有哪些

「蛋、牛奶、小麥、花生、蕎麥」是5大過敏原。其他還有大豆、帶殼海鮮（蝦、蛤蜊、牡蠣、蟹）青魚（秋刀魚、沙丁魚、鯖魚等背鰭是青色的魚）芝麻、水果（芒果、奇異果、草莓）等也是常見過敏原，必須要特別小心。

不使用麵粉、牛奶

POINT

在玉米醬裡加入上新粉（糯米粉）製成醬汁，用來代替白醬。最後加入日式年糕代替麵包粉提味或可用米仙貝捏碎放在上面。

白肉魚玉米白醬焗烤

材料

- 白身魚（鰈魚等）…30g • 洋蔥…20g
- 綠蘆筍…1/2根 • 沙拉油…1/2小匙
- Ⓐ〔• 高湯（昆布）…50ml ※將約2cm大小的昆布泡熱開水，冷卻即成為高湯
  - • 玉米醬（罐頭）…50ml
  - • 上新粉（糯米粉）…1小匙 • 鹽…少許〕
- 日式年糕（可省略）…適量

作法

1. 起油鍋，將洋蔥切短絲下鍋拌炒，放入去皮去骨的魚，蓋上鍋蓋煎熟。接著將綠蘆筍斜切薄片加入，再將材料Ⓐ混合後加入鍋中煮至湯汁呈現濃稠狀。
2. 將作法❶平鋪於耐熱容器中，將日式年糕刨成絲加入。放入烤箱烤至表面呈現金黃色，約10分鐘。

不使用麵粉、蛋、牛奶

POINT

南瓜的顏色讓鬆餅看起來好像加了蛋。樹薯粉、南瓜粉等在烘焙材料行或是天然食品商店可以買的到。

南瓜鬆餅

材料(4片)

- Ⓐ〔• 上新粉…70g • 樹薯粉（可用太白粉代替）…30g
  - • 泡打粉…6g • 南瓜粉…4g〕
- Ⓑ〔• 豆漿…120g • 沙拉油…15g • 砂糖…15g
  - • 鹽…1/8小匙 • 檸檬汁…1/2小匙〕
- 楓糖漿（隨個人喜好）…適量

作法

1. 在碗中加入材料Ⓑ用打蛋器均勻混合，材料Ⓐ混合後加入，攪拌至看不見粉末為止。
2. 將沙拉油（另備）倒入平底鍋熱鍋，用湯勺將作法❶舀取約8分滿的量放入平底鍋中，蓋上鍋蓋用小火～中火煎至兩面呈現金黃色。
3. 切成容易食用的大小後盛盤，依個人喜好淋上楓糖漿等。

可以吃、不可以吃一覽表

雖然幼兒期的孩子幾乎可以和大人吃相同的東西，但是需要注意的東西也不少，例如，有一些不容易吃，對消化機能造負擔的東西等。1歲左右的孩子以離乳食品為基準，飲食上需要稍為謹慎點。比起1～2歲，3歲的孩子因為消化力、抵抗力、咀嚼力等綜合表現都比較好，所以可以吃的東西也會增加。

● 有什麼東西是不能吃的呢？

油脂太多的食物

攝取太多油脂除會造成消化系統的負擔外，也會造成肥胖。植物油或魚油裡有些成分對人體有好處，所以完全不攝取也不行。

➡ 這樣做就OK

去除多餘的油脂，不要持續使用需要用油的調理方式，其他的料理作的清爽一點，奶油、鮮奶油等乳製品含量高的食品要減少攝取量。

鹽分、糖分太多的食物

習慣重口味的食物後，就無法培養敏感的味覺。過多的鹽分也會造成腎臟負擔，吃太多甜食容易蛀牙，也可能會引起低血糖症。

➡ 這樣做就OK

水洗或汆燙的方式去除鹽分。或是在調味的時候利用食材本身的鹽分或糖分，如果是液體的話就用水稀釋。

不容易咬的食物

在臼齒長齊，咀嚼力變好前盡量避免讓孩子吃纖維質或有咬勁的食物。要注意有時小孩會因為不咀嚼直接吞下而發生哽噎。

➡ 這樣做就OK

將食材切成薄片、切碎、將蔬菜煮到口感柔軟爛等，將食物調理成容易入口的狀態。可以搭配有湯汁的食物或不容易散開的食物。

可能會造成哽塞的食物

小孩很容易被食物噎到，而且因為氣管功能尚未成熟，所以食物可能會跑進氣管造成肺炎。要特別注意圓形、滑口的食物，或黏性很強的食物。

➡ 這樣做就OK

將食物切成小塊防止小孩噎到。煮熟的黃豆或花生等硬的食物盡量壓碎，容易黏在喉嚨的食物切小塊等。

生食

因為免疫力弱所以容易引發食物中毒。要注意可能造成細菌感染的食物。特別是1歲多的小孩不要讓他們吃生食，2歲以後可開始少量讓他吃些新鮮的生食。

➡ 這樣做就OK

基本上讓孩子吃加熱煮熟的食物。如果要讓孩子吃生食時，選擇新鮮的食材，並且使用乾淨的器具加工後，盡速給孩子食用。

太過刺激的食物

辛辣、味道太嗆的東西太過刺激，小孩子通常不喜歡。會對喉嚨和胃的黏膜造成負擔，有可能會讓小孩吃不下其他東西。

➡ 這樣做就OK

胡椒、咖哩粉等辛香料，如果只是用來增加香味，少量使用也OK。或是先將小孩的部分先盛起來，只在大人吃的部分加入辛香料也可以。

不能吃的食物清單

○…可以讓孩子吃的　△…注意分量或烹調方式OK　×…不可以讓孩子吃

■肉類、蛋

以脂肪少的肉類為主，要煮熟才讓孩子吃。培根或乳酪等脂肪或鹽分較高的食物要少量。厚切肉片等咬不斷的食材，只要切小塊就OK。

這個也NG！
- 脂肪多的部位（豬五花、牛的腰脊肉、雞皮等）
- 牛舌
- 義大利風味香腸

乳酪

※乳酪因為容易噎到，所以要切小塊

1歲	2歲	3歲
△	○	○

生蛋

1歲	2歲	3歲
×	×	△

厚切肉片

1歲	2歲	3歲
△	△	○

培根

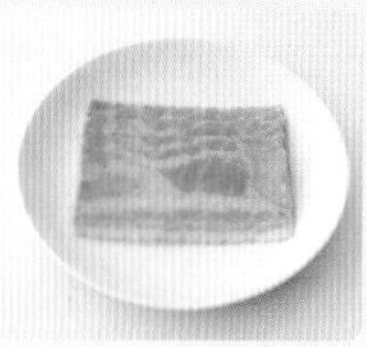

1歲	2歲	3歲
△	△	○

■魚類

生魚片等不需要烹調就能直接讓小孩吃，所以有些家長1歲左右就開始讓孩子吃生魚片，但並不是只要是赤身（魚體背部不含油脂的部分）就OK，家長應該要認清食物中毒的風險，確認孩子是否會過敏後再加以判斷。

這個也NG！
- 鰻魚（如果切碎、少量的話可以）
- 酒粕漬物

魚板

1歲	2歲	3歲
△	○	○

鮭魚卵、鱈魚卵

1歲	2歲	3歲
△	△	○

章魚、烏賊、貝類

※如果切碎可

1歲	2歲	3歲
△	△	○

生魚片

※新鮮且乾淨的調理過程。醬油少量

1歲	2歲	3歲
×	△	○

■穀類、蔬菜、堅果類

容易噎在喉嚨，很硬不容易咬的食物要切碎，味道太嗆的蔬菜煮熟後再給小孩吃。

這個也NG！
- 調味海苔
- 蕎麥涼麵
- 蒟蒻（如果切小塊就OK）

年糕

※白玉糰子切小塊即可

1歲	2歲	3歲
×	△	△

花生

※有可能會噎到或掉進氣管裡

1歲	2歲	3歲
×	×	△

漬物

※如果水洗過後切小塊就可以

1歲	2歲	3歲
△	△	○

生的洋蔥、青蔥、大蒜

1歲	2歲	3歲
×	×	△

■市售加工食品

油脂、鹽分、糖分過多的東西，過多添加物的東西都會對身體造成負擔所以都NG。選擇孩子可以吃的東西（白飯、無添加物的東西、為小孩設計的東西），適量的給予就OK。

這個也NG！

- 壽司
- 醃漬海鮮
- 生菜沙拉

冰淇淋、奶昔

1歲	×
2歲	△
3歲	△

餅乾、巧克力

1歲	×
2歲	×
3歲	△

泡麵

1歲	×
2歲	×
3歲	△

市售配菜、便當

1歲	△
2歲	△
3歲	△

■辛香料、飲料

1～3歲的孩子，辣的東西都NG。飲料的部分，含咖啡因或是含糖量高的飲品，要先稀釋過，可以偶爾讓小孩喝而且一次給予少量就好。

這個也NG！

- 明太子
- 碳酸飲料

泡菜

1歲	×
2歲	×
3歲	×

咖啡・紅茶・綠茶

1歲	△
2歲	△
3歲	△

乳酸菌飲料

1歲	△
2歲	△
3歲	△

辛香料

1歲	×
2歲	×
3歲	×

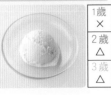

1～3歲幼兒手指食物〔暢銷修訂版〕

作　　者／中村美穗
部分監修／中村明子
翻　　譯／洪伶欣
選　　書／陳雯琪、梁瀞文
主　　編／陳雯琪
特約編輯／潘嘉慧

行銷經理／王維君
業務經理／羅越華
總 編 輯／林小鈴
發 行 人／何飛鵬
出　　版／新手父母出版
城邦文化事業股份有限公司
台北市民生東路二段141號8樓
電話：（02）2500-7008　傳真：（02）2502-7676
E-mail：bwp.service@cite.com.tw
發　　行／英屬蓋曼群島商家庭傳媒股份有限公司城邦分公司
台北市中山區民生東路二段141號11樓
讀者服務專線：02-25007718；25007719
24小時傳真專線：02-25001990；25001991
讀者服務信箱 E-mail：service@readingclub.com.tw
劃撥帳號／19863813；戶名：書虫股份有限公司

香港發行／城邦（香港）出版集團有限公司
香港灣仔駱克道193號東超商業中心1樓
電話：(852)2508-6231　傳真：(852)2578-9337
電郵：hkcite@biznetvigator.com
馬新發行／城邦（馬新）出版集團 Cite(M) Sdn. Bhd. (458372 U)
11, Jalan 30D/146, Desa Tasik,
Sungai Besi, 57000 Kuala Lumpur, Malaysia.
電話：(603) 90563833　傳真：(603) 90562833

封面、版面設計／徐思文
內頁排版／陳喬尹
製版印刷／卡樂彩色製版印刷有限公司

城邦讀書花園
www.cite.com.tw

初版一刷／2014年9月18日
修訂一刷／2019年11月7日
修訂 3 刷／2023年11月13日
定　　價／380元

Printed in Taiwan

ISBN　978-986-5752-14-9　　EAN　471-770-209-769-1

MAINICHI NO TE WO UGOKASU SHOKUJI DE, SUKUSUKU SODATSU 1-3SAI HATTATSU WO UNAGASU KODOMO GOHAN by Miho Nakamura

Original Japanese edition published by Nitto Shoin Honsha Co.,Ltd.

This Traditional Chinese language edition is published by arrangement with Nitto Shoin Honsha Co.,Ltd., Tokyo in care of Tuttle-Mori Agency,Inc., Tokyo through Future View Technology Ltd., Taipei

國家圖書館出版品預行編目資料

1-3歲幼兒手指食物／中村美穗著；洪伶欣翻譯．-- 初版
．-- 臺北市：新手父母, 城邦文化出版：家庭傳媒城邦分
公司發行, 2014.09
面；　公分．--（育兒通系列；SR0074）
ISBN 978-986-5752-14-9（平裝）

1.育兒 2.小兒營養 3.食譜

428.3　　103016830

廣　告　回　信
台灣北區郵政管理局登記證
北台字第10158號
免　貼　郵　票

104　台北市民生東路二段 141 號 8 樓

城邦文化事業（股）公司
新手父母出版社

地址

姓名

請沿虛線摺下裝訂，謝謝！

新手父母

書號：**SR0074**　書名：1~3歲幼兒手指食物

新手父母出版　讀者回函卡

新手父母出版，以專業的出版選題，提供新手父母各種正確和完善的教養新知。為了提昇服務品質及更瞭解您的需要，請您詳細填寫本卡各欄寄回（免付郵資），我們將不定期寄上城邦出版集團最新的出版資訊，並可參加本公司舉辦的親子座談、演講及讀書會等各類活動。

1. 您購買的書名：____________________
2. 您的基本資料：
   姓名：____________________（□小姐 □先生） 生日：民國___年___月___日
   郵件地址：____________________
   聯絡電話：____________________
   E-mail：____________________ □有小孩_____個（_____歲） □尚無小孩
3. 您從何處購買本書：__________縣市__________書店
   □書展 □郵購 □其他____________________
4. 您的教育程度：
   1.□碩士及以上 2.□大專 3.□高中 4.□國中及以下
5. 您的職業：
   1.□學生 2.□軍警 3.□公教 4.□資訊業 5.□金融業 6.□大衆傳播 7.□服務業
   8.□自由業 9.□銷售業 10.□製造業 11.□食品相關行業 12.□其他__________
6. 您習慣以何種方式購書：
   1.□書店 2.□網路書店 3.□書展 4.□量販店 5.□劃撥 6.□其他__________
7. 您從何處得知本書出版：
   1.□書店 2.□網路書店 3.□報紙 4.□雜誌 5.□廣播 6.□朋友推薦
   7.□其他__________
8. 您對本書的評價（請填代號 1非常滿意 2滿意 3尚可 4再改進）
   書名_______ 內容_______ 封面設計_______ 版面編排_______ 具實用性_______
9. 您希望知道哪些類型的新書出版訊息：
   1.□懷孕專書 2.□0~18 歲教育專書 3.□0~12 歲養育專書
   4.□知識性童書 5.□兒童英語學習 6.□故事 童書
   7.□親子遊戲學習 8.□其他
10. 您通常多久購買一次親子教養書籍：
    1.□一個月 2.□二個月 3.□半年 4.□不定期
11. 您已買了新手父母其他書籍：
    ____
    ____
12. 您對我們的建議：
    ____
    ____
    ____